Space Gallery

はてしない天界の物語

エスキモー星雲NGC2392

ふたご座の方向にある代表的な惑星状星雲。エスキモーがかぶる帽子に形が似ていることから、その名がついている。複雑な模様は、終末を迎えつつある恒星から噴き出したガスが照らされているもの

2

アリ星雲Mz3

南半球の空、じょうぎ座にある惑星状星雲。2方向へ噴き出すガスを、斜め横の角度から見ている。色の違いは、噴き出しているガスの温度や密度、噴き出す速さの違いによって生まれる

3

コーン星雲NGC2264

ハッブル望遠鏡が新しいカメラ ACSでとらえた、いっかくじゅう座にあるコーン星雲NGC2264（散光星雲）の先端部。チリと分子ガスの雲のなかで、生まれて間もない若い星が輝いている

散光星雲NGC3603 ④

星が生まれつつある場所をスナップショットでとらえた画像。青白い塊は、すでに生まれた高温の若い星の集まり。それをとりまくオレンジ色のガス雲のなかでは、まさに星が生まれつつある

三裂星雲M20

生まれたての若い星の紫外線などによって照らされて美しく輝く、いて座の三裂星雲M20。ピンク色の部分が3つに分かれて見えるのは、濃いチリの帯で光が隠されているためで、見かけ上のものである

⑥

バブル星雲NGC7635

カシオペヤ座の方向、約7100光年の距離にある。赤く輝く星は太陽の40倍もの質量をもつ重い星で、この星が噴き出す強い恒星風によって、数光年以上に広がる大きなガスのバブルができている

⑦

球状星団M80

球状星団は、われわれの銀河系が誕生した頃にできたと思われるボール状の星の塊。10万〜100万個の星がおたがいの重力で引きあって、このような星団をつくっている

不規則銀河NGC4214

⑧

距離1300万光年にある矮小不規則銀河NGC4214。この銀河は、天の川と比べると10分の1程度の大きさしかないが、新しい星を次々と生み出している。真ん中の白い部分は、生まれたばかりの高温の星の集団。画像右側にはさらに若い星の集団が見えている

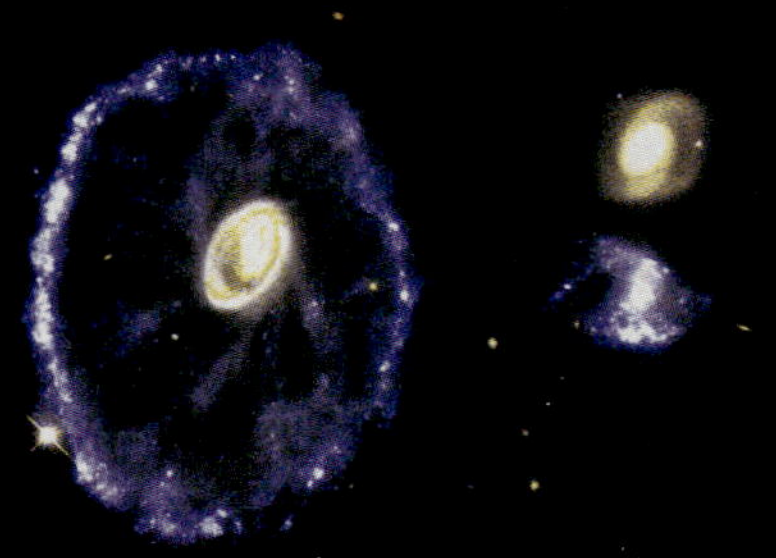

⑨

車輪銀河

距離5億光年にある車輪銀河をハッブル望遠鏡がとらえた画像。円盤銀河に別の銀河（右の2つのどちらか）が正面衝突して突き抜けたため、その余波によって、リング状の大きな星形成領域が新たにつくられた

ソンブレロ銀河M104

⑩

距離4500万光年にある、有名な横向き銀河M104。名前は、メキシコ人のかぶる帽子「ソンブレロ」に似ているところからきている。真ん中の黒い筋は、銀河の赤道面にたまったチリの円盤

目玉焼き銀河NGC7742

⑪

距離約3000光年にある円盤銀河を円盤に垂直な方向から見た画像。真ん中のオレンジ色の部分は、バルジと呼ばれる比較的古い星の集団。これを取り囲むリング状の部分では、現在も新しい星が多数生み出されている

⑫

不規則銀河M82

距離1200万光年にある、不規則な形をした銀河。新しい星を爆発的に生み出しているスターバースト銀河で、上下に伸びる赤い広がりは、多数の超新星爆発で加熱されたガスが銀河の外へ噴き出しているもの

接近銀河NGC5426／5427

13

すばるがとらえた、距離約1．2億光年にある銀河のペアNGC5426／5427。
天の川銀河と同じような円盤渦巻き銀河がおたがいに接近している

活動銀河NGC4388 ⑭

すばるがとらえた距離6000万光年にある活動銀河 NGC4388の姿。ピンク色に見えるのは電離された水素のガスで、銀河の中心から5万光年も離れたところまで広がっている

⑮

巨大銀河団Abell1689と重力レンズ画像

ハッブル望遠鏡の新しいカメラACSがとらえた距離約20億光年の銀河団Abell 1689とその重力レンズ像のとても美しい姿。オレンジ色に見えるのが銀河団に属する銀河で、同心円上にかすかに広がる青白い天体は、100億光年を超える遠方宇宙の銀河の重力レンズ像

宇宙に挑む「すばる望遠鏡」

⑯

雲の上にあるすばる

世界有数の天文台がひしめきあうマウナケア山頂。4200mの高度は空気が薄く、気圧は地表の6割ほど。雲も眼下に見える

⑰

空に向けられたすばる望遠鏡

555tもある望遠鏡はドームと一体構造になっている。リニアモータ駆動で回転し、目標の天体を超高精度で自動追尾する

18

天の川銀河

マウナケアの山頂から見る夏の天の川は大迫力。天の川銀河の「バルジ」のふくらみがくっきりと見え、われわれが天の川銀河のなかにいることが実感できる

19

「すばるドーム」

すばる望遠鏡のドームは一般的な半球形ではなく、独自の円筒形。観測の妨げとなる空気のゆらぎを最小限に抑えるためである

⑳

赤外線で見た天の川銀河

NASAの観測衛星COBEが波長1〜4ミクロンでとらえた天の川の姿。われわれの銀河系が中央のふくらみ(バルジ)と円盤部からできていることがわかる

㉑

円盤渦巻き銀河M100

すばるがとらえた距離約7000万光年にある近傍の銀河

ハッブル・ディープ・フィールド（ハッブル深探査領域）

ハッブル宇宙望遠鏡が130億年前までを見通した、現在のところ「もっとも深い（遠い）」宇宙の姿。約2000個の銀河が写っている

㉒

㉓

ハッブル・ディープ・フィールドの拡大画像

円盤型や楕円型の銀河は比較的近くにあり、遠くの銀河ほど小さく、いびつな形になっていく

楕円銀河M87 ㉔

距離約5600万光年にある楕円銀河。大部分が古い星で構成されている

円盤渦巻き銀河NGC2613 ㉕

距離約7000万光年の近傍にある代表的な円盤渦巻き銀河

不規則銀河NGC4038／4039 ㉖

2つの銀河がおたがいの重力に引かれて接近、衝突し、合体しつつある。距離約7000万光年

第2章 ついにわかった宇宙の誕生

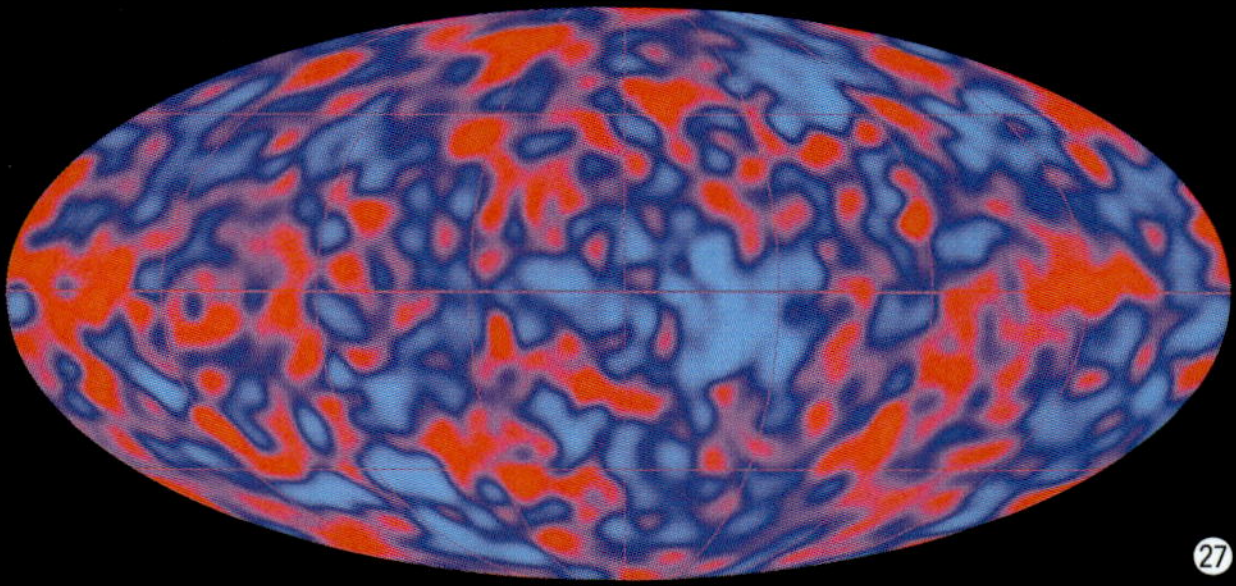

㉗

宇宙背景輻射のゆらぎ

COBE衛星による宇宙背景輻射の全天地図。ピンクと赤は輻射が強い（高温）部分、青は弱い（低温）部分で、物質分布のデコボコを示す。このデコボコが銀河をつくる“タネ”となった

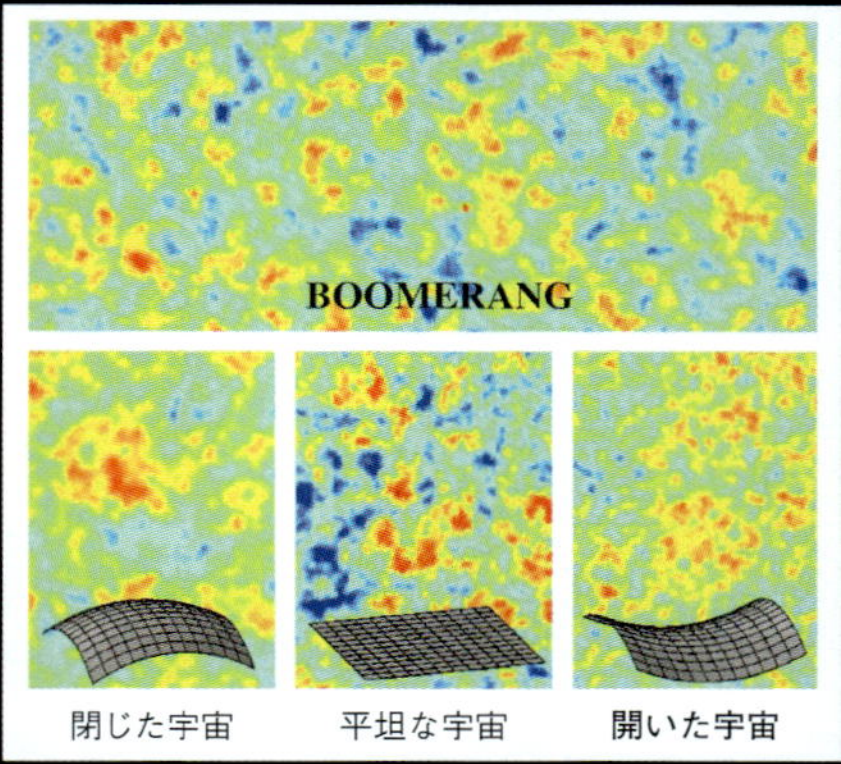

㉘

「ブーメラン実験計画」で検出された細かいゆらぎ

南極で気球を使って口絵㉗の一部分をくわしく観測したところ、さらに細かい輻射のゆらぎがわかった（上）。これを下の3つのシミュレーション画像と比較検討した結果、宇宙は平坦であることが判明

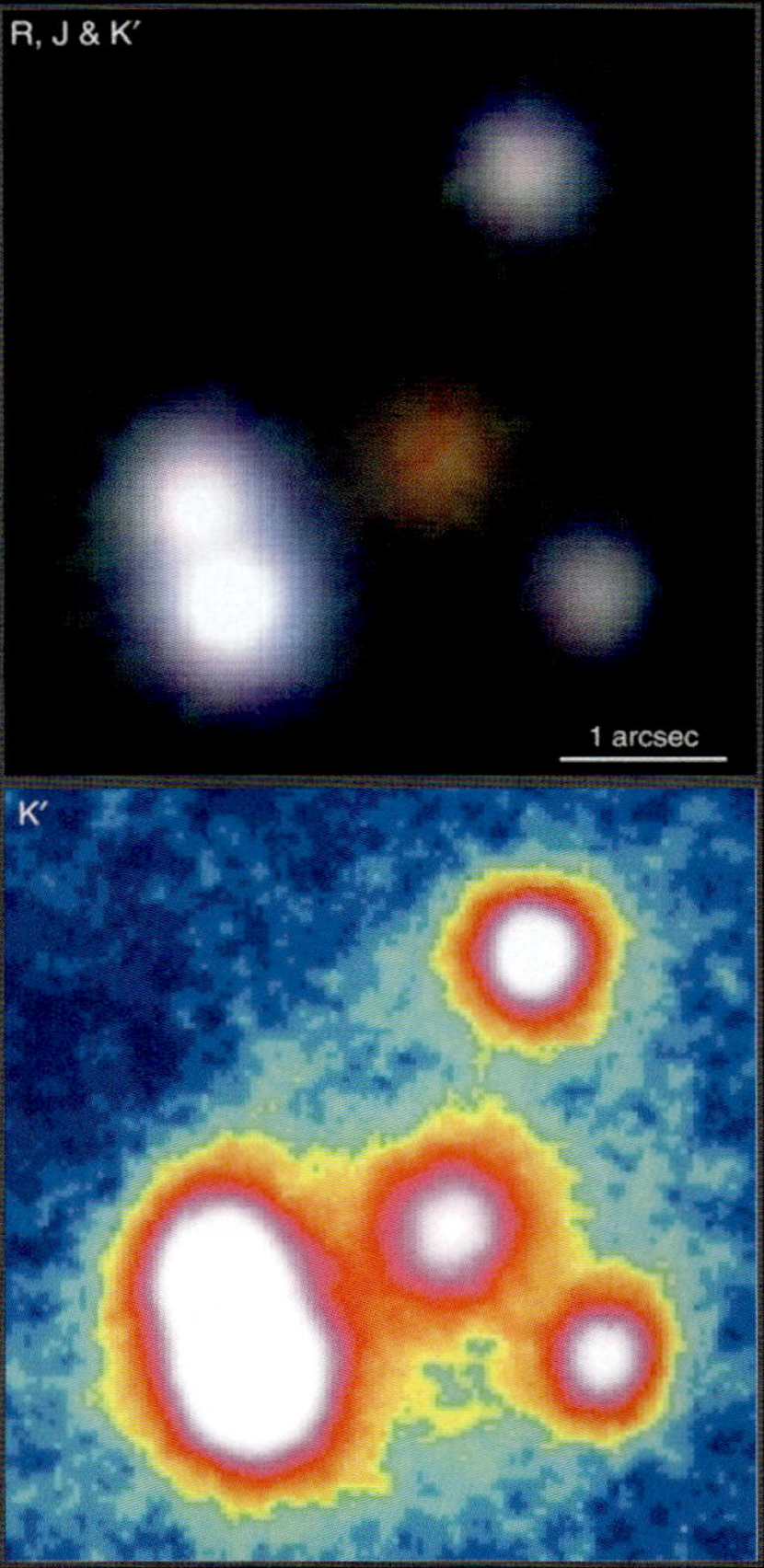

㉙

重力レンズ天体PG1115+080

約100億光年かなたのクェーサーが、手前にある距離約30億光年の楕円銀河によって重力レンズ現象を起こしている。上＝可視光と赤外線の合成画像。中心の赤っぽい銀河が重力レンズとして働き、クェーサーを4つに見せている。下＝上の広がった淡い光を強調した画像

第3章 すばるがとらえた神秘の銀河

30

すばるファーストライト時のクェーサー

1999年1月、すばるがファーストライトでとらえた赤方偏移5のクェーサー(矢印)の赤外線画像。ビッグバン後10億年ほどのはるか昔に誕生したもので、クェーサーからの紫外線がのびて赤外線となって観測された

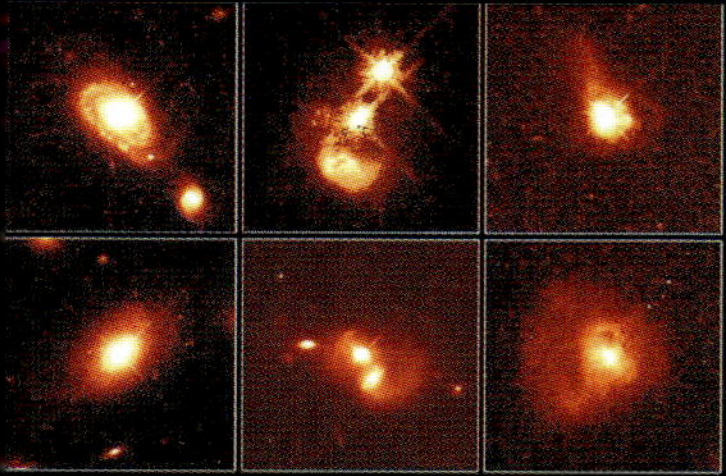

31

クェーサー母銀河

各銀河の中心でひときわ明るく輝いている部分が、クェーサー現象を起こした巨大ブラックホールの中心核

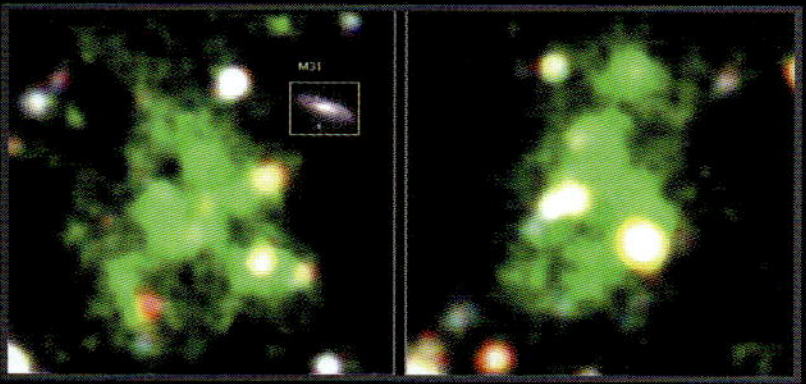

32

110億光年かなたの巨大水素ガス雲

すばるがとらえた、110億光年の距離にある巨大な電離水素ガスの雲(緑色の部分)の詳細な構造。アンドロメダ銀河が同じ距離にあった場合の大きさ(左の四角い枠内)と比べると、いかに大きいかがよくわかる。巨大銀河形成の現場か

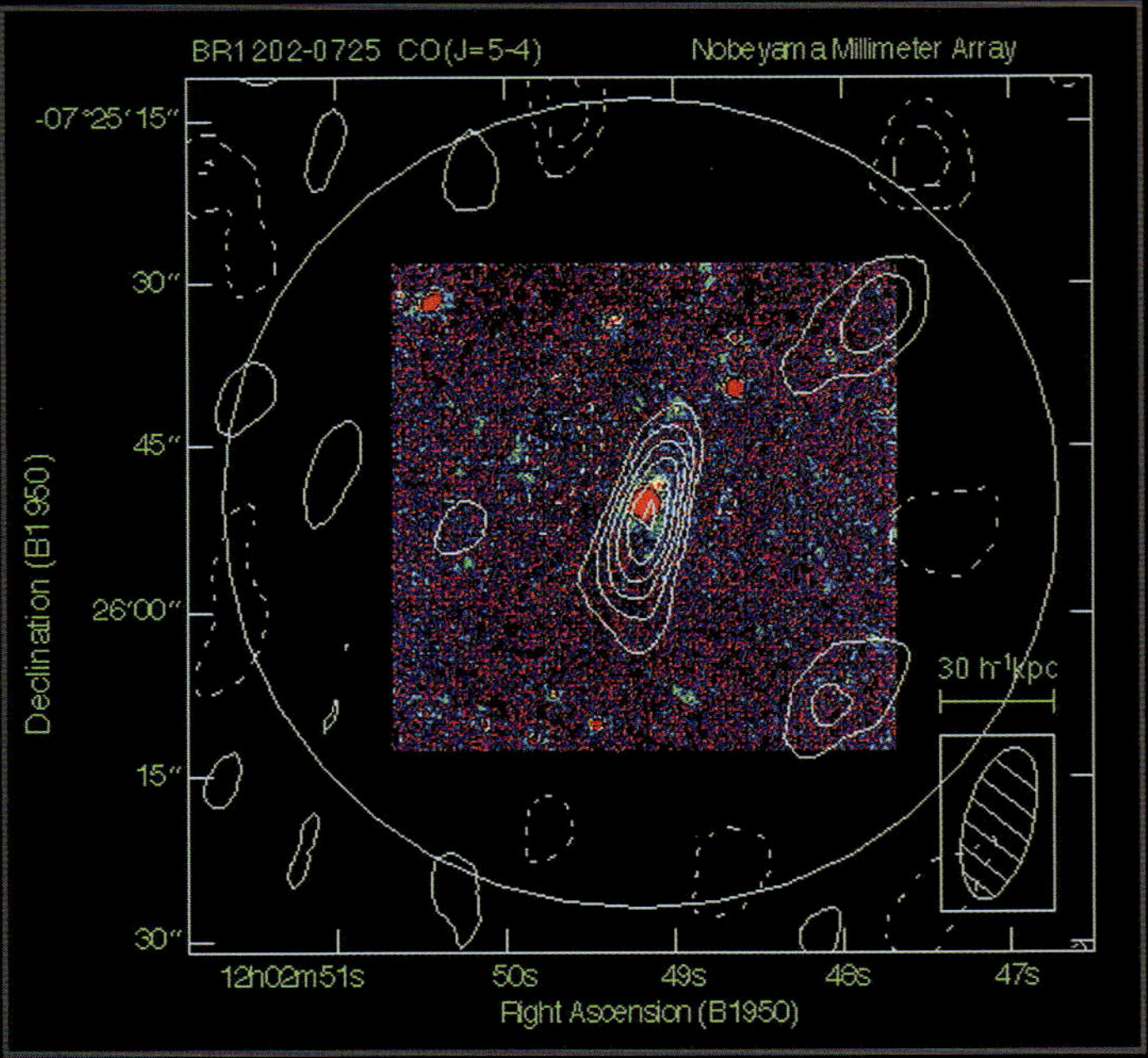

33

宇宙の果てにある原始銀河から届いた電波

クェーサーBR1202－0725（中央の等高線）が出す一酸化炭素の電波観測画面。電波の解析から、このクェーサーの母天体は「生まれつつある」原始銀河と判明した。背景の四角は合成した可視光の画像

すばる「シュプリーム・カム（主焦点広視野カメラ）」の画像

すばるは一度に満月と同じくらいの広視野を観測できる。下＝月の平均視直径とシュプリーム・カムの画像の比較。右上の星から広がる筋は恒星が明るすぎるため、CCDから電荷があふれ出した跡。上＝下画像中にある銀河団の拡大画像

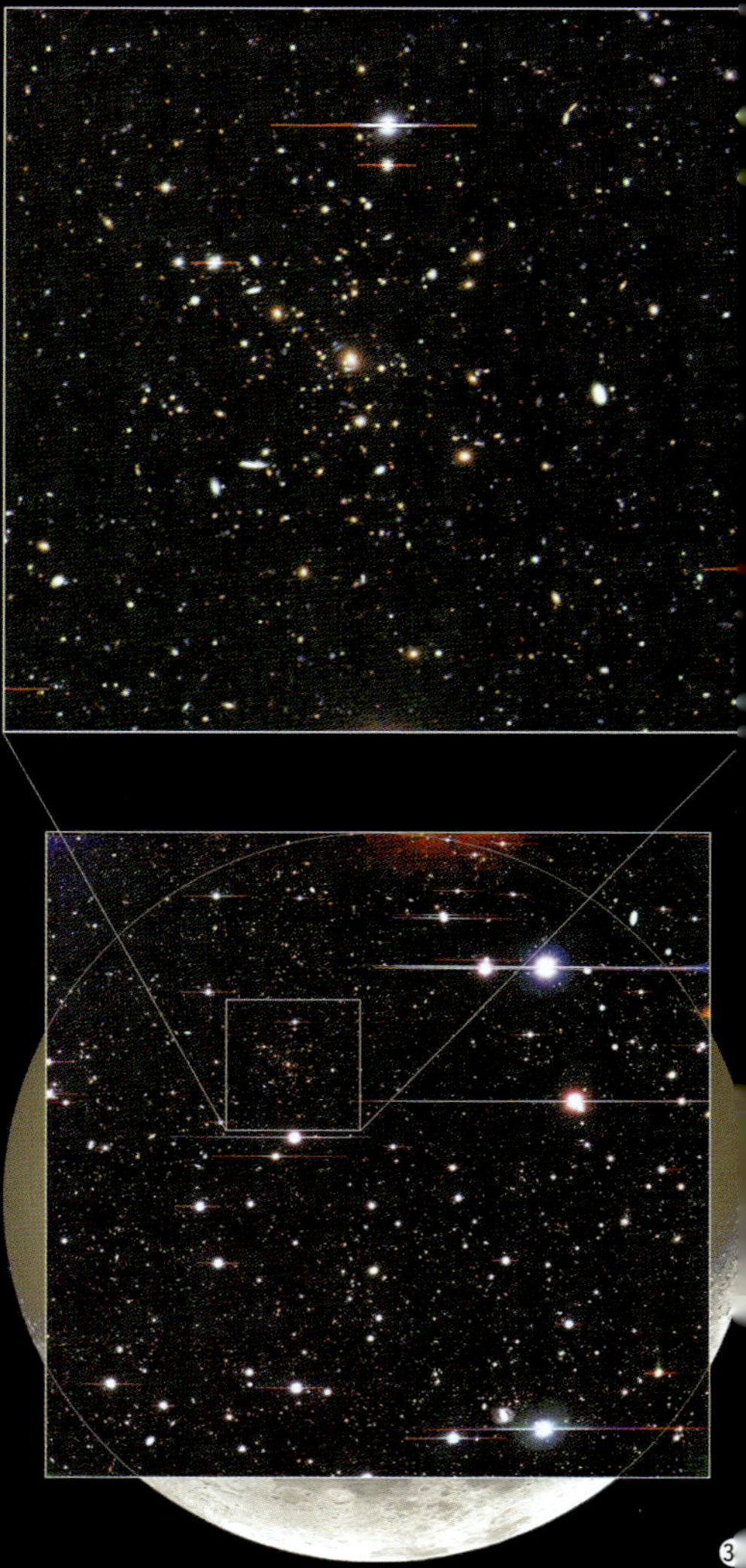

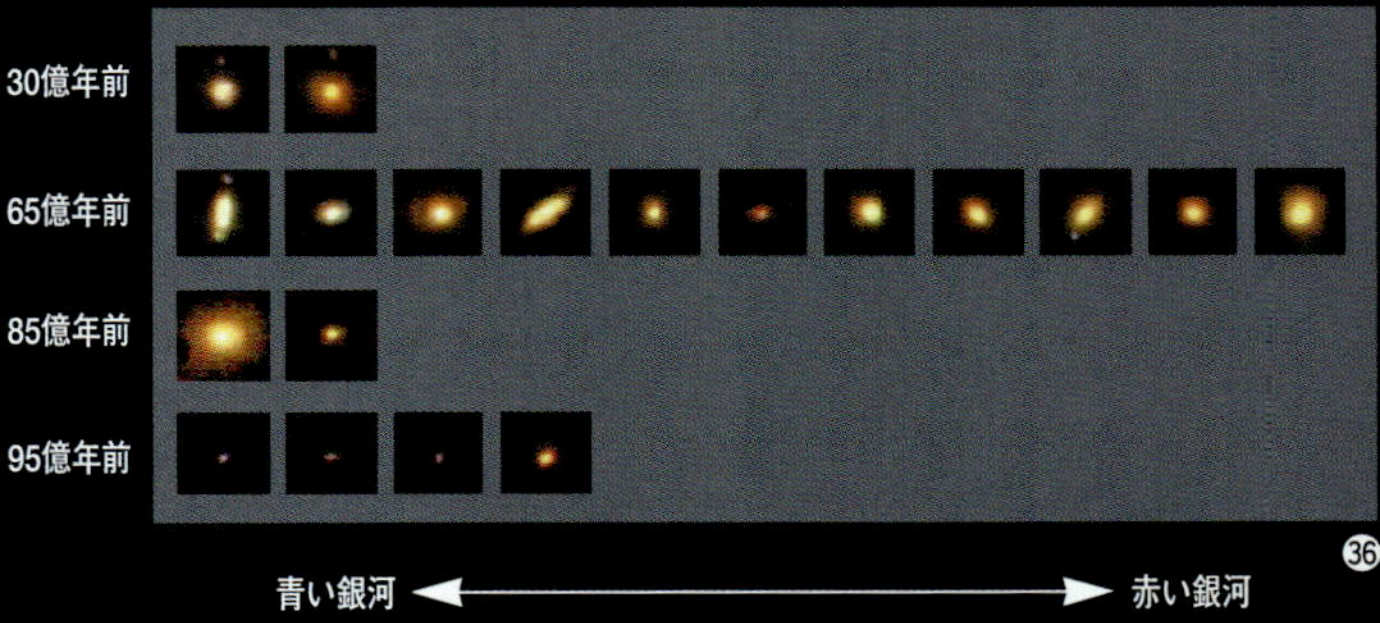

銀河の進化

ハッブル・ディープ・フィールドに写った円盤銀河㉟と楕円銀河㊱を、それぞれ年代ごとに分けたもの。形や色、大きさ、数などから銀河の進化の様子がわかる

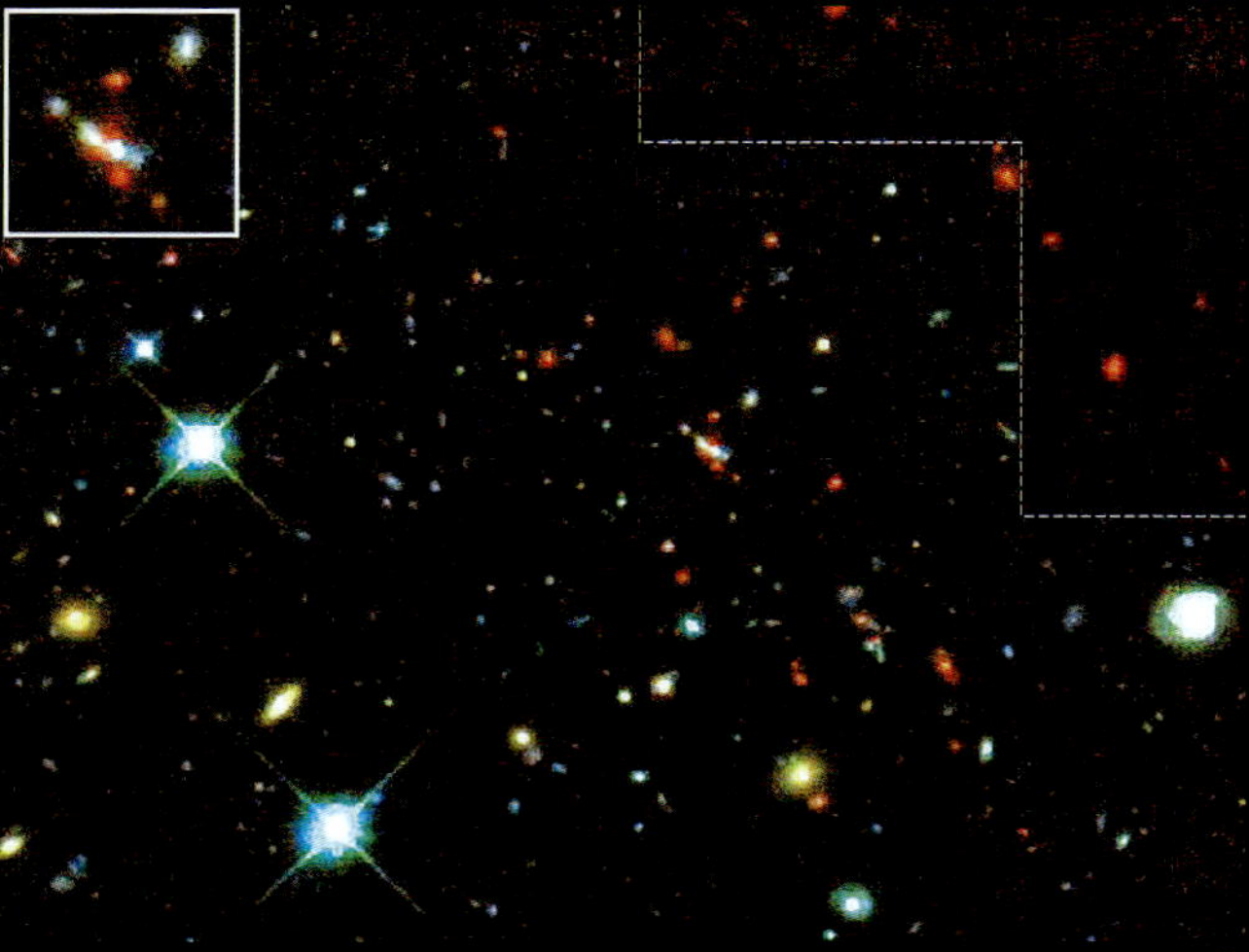

37

90億光年かなたの電波銀河3C324を取り囲む銀河団
すばるとハッブル望遠鏡の画像を合成したもの。中央の赤と青が入り組んだ小さい天体が電波銀河3C324（左上枠内は拡大画像）で、楕円銀河（オレンジ色の斑点）がそれをとりまいている

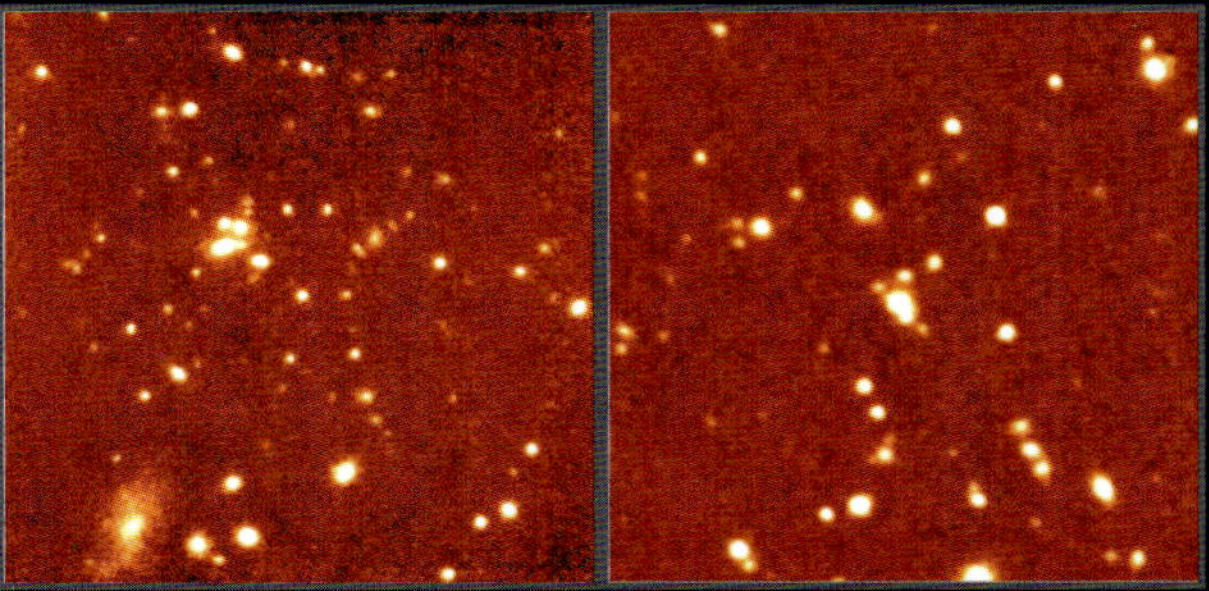

38

90億光年前の銀河団
左＝銀河が密集した90億年前の銀河団RXJ0848.9＋4452の中心部。右＝口絵37と同じ、3C324を取り囲む銀河団の中心部。この時代の銀河団にも銀河の集積が進んだものと、比較的まばらなものがある

すばるファーストライトで観測されたAbell 1851銀河団

50億光年かなたにあり、200万光年の広がりをもつ銀河団。大小の光点は星ではなく、われわれの銀河系と同程度の大きさのさまざまな銀河である

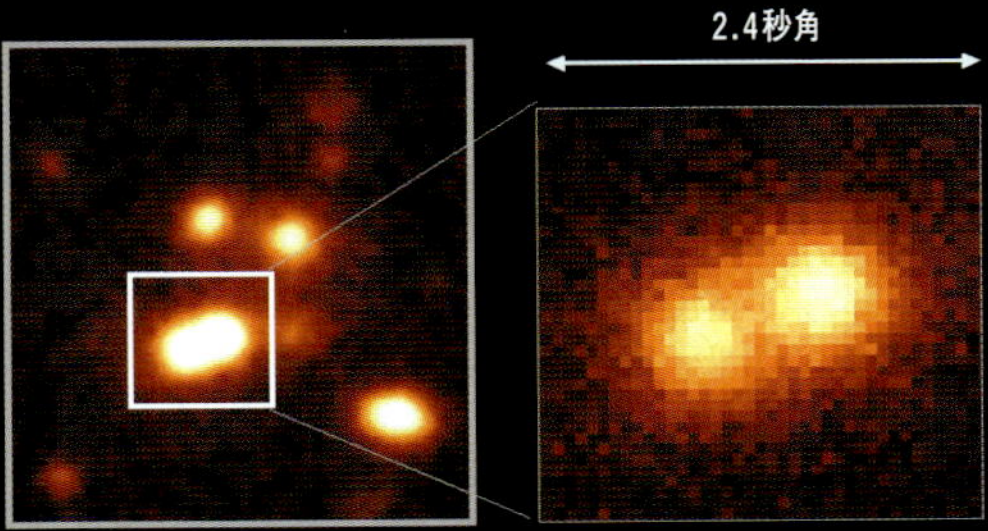

40

90億光年の遠方銀河団の中心で合体する巨大銀河

口絵㊳左の銀河団RXJ0848.9＋4452の中心部を拡大した画像。いちばん明るい銀河を拡大したのが右の画像で、2個の楕円銀河に分解されて写っている。この2つが合体して、超巨大銀河が誕生する場面をとらえたものと考えられる

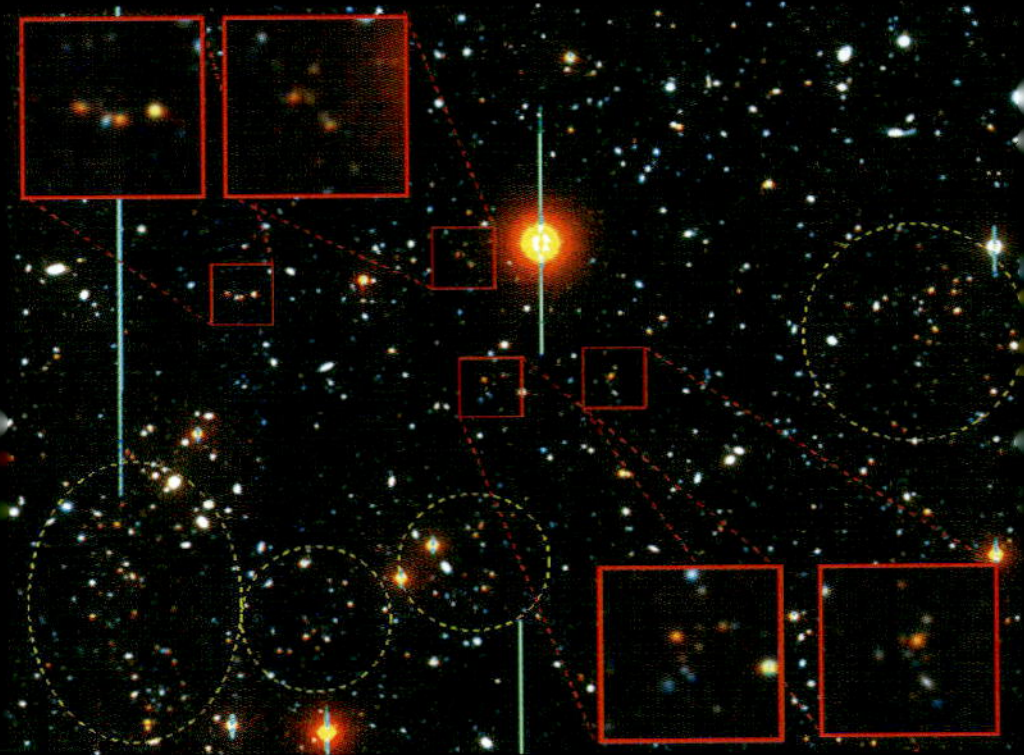

41

すばるが見つけた80億年前の超銀河団

点線で丸く囲んだ部分は銀河団が数個連なった超銀河団。この時代の超銀河団はまだ数例しかわかっていない。四角の拡大した部分は銀河が数個集まった銀河群

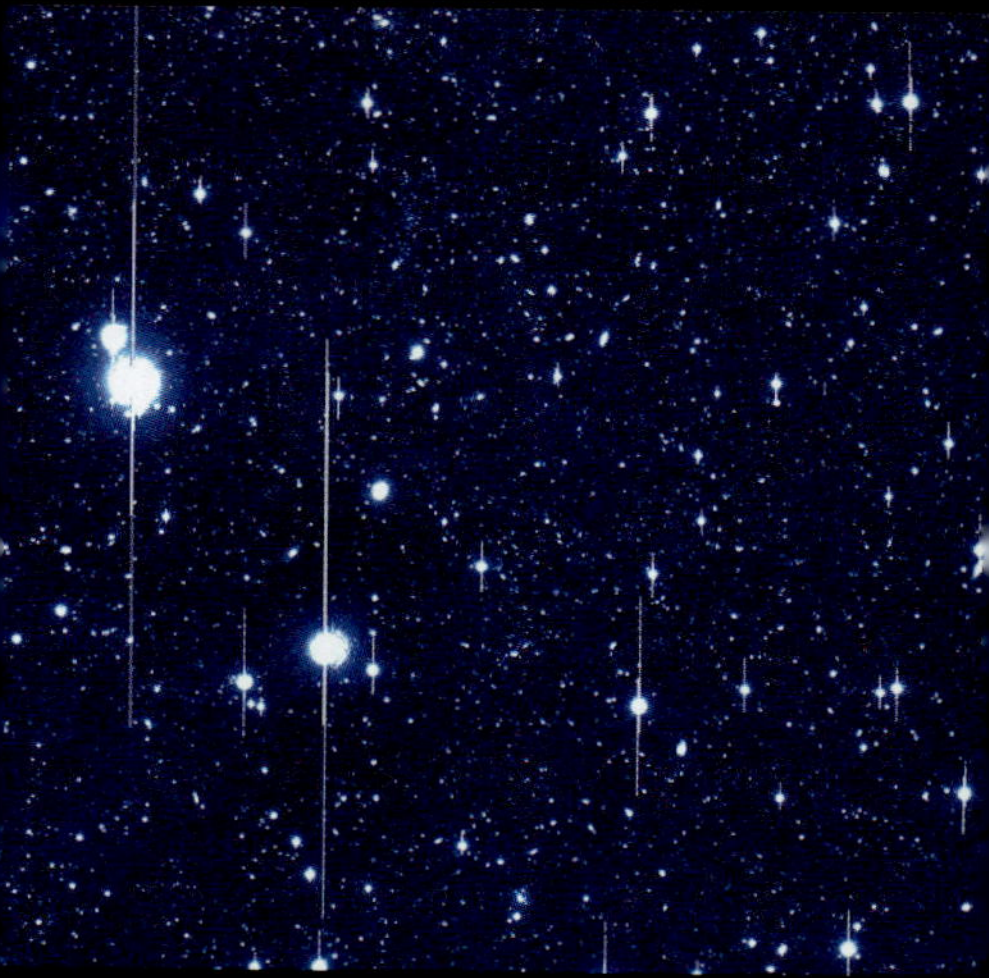

42

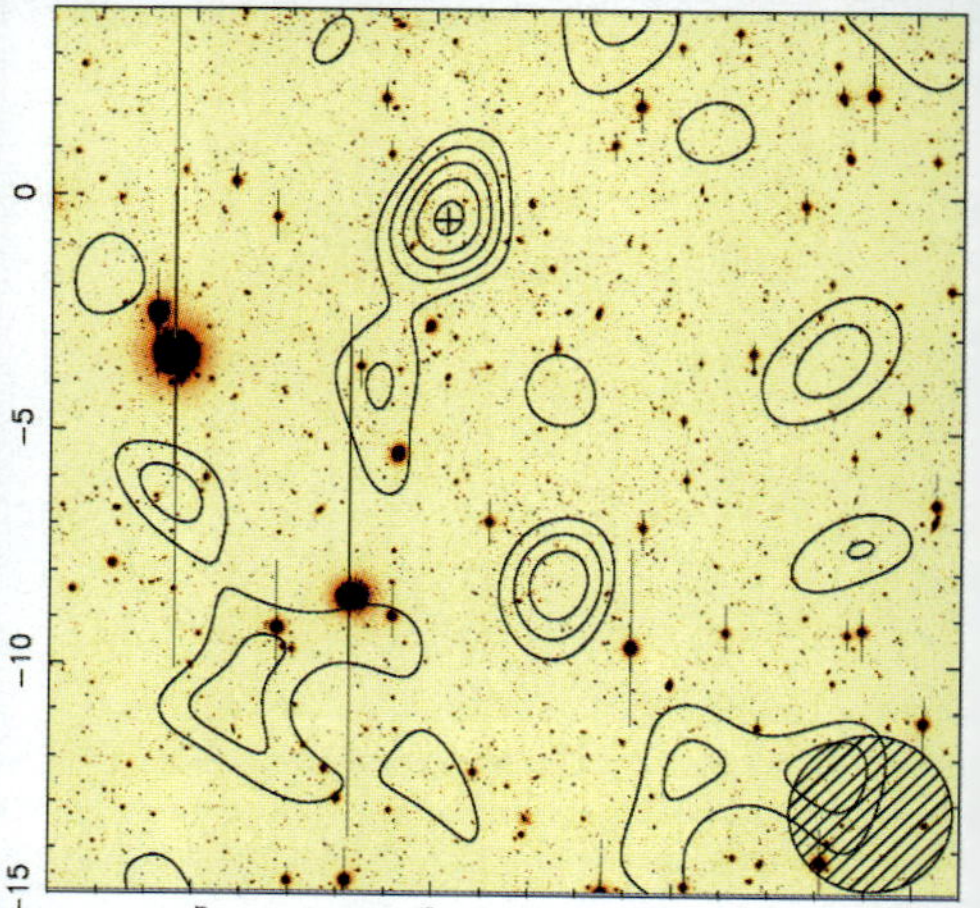

43

44

見えない銀河団の探し方

42では、銀河団がどこにあるかわからない。そこで、重力レンズ効果を使ってこの領域の質量分布図を描いてみると、いちばん等高線の高い十印に、銀河団と思われる質量が集中していた（43）。そこを拡大すると、60億年前の巨大銀河団MS1054－03が浮かびあがってきた（44）

45

80億年前の超新星爆発

2001年5月19日（右）の画像では、同年4月24日の画像（左）に写っていた銀河の一部（矢印）が明るくなっている

第5章 すばるが迫るさらなる謎

アンドロメダ銀河の拡大画像 ㊻

チリの帯（黒い部分）、生まれたての星とガス雲（赤い天体）、若い星の集団（右下の青い天体）など、星が誕生している場所の様子がすばるのズームアップでとらえられた

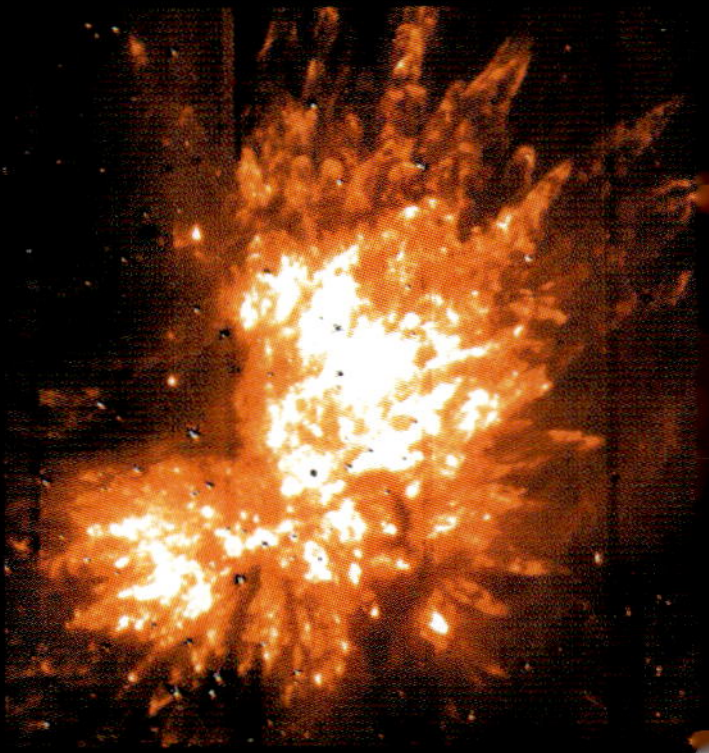

オリオン星雲の星の誕生シーン

すばるがファーストライトでとらえたオリオン星雲は天の川銀河のなかにあり、新しい星が誕生しつつある場所だ。上＝中央の4つの輝く天体は生まれたての大質量星（太陽の数倍）で、これが出す紫外線によって周囲のガスが青く照らされている。蝶が羽を広げたような形をした右上の赤い部分は、生まれつつある星から飛び出すガスが形成しているクラインマン・ロー星雲。下＝その拡大画像

⑱

こと座のリング星雲とはくちょう座網状星雲

星の最期の姿はその質量によって異なる。⑱＝地球から約1600光年の距離のこと座にあるリング星雲と呼ばれる惑星状星雲。太陽と同じくらいか、それよりも質量の小さな星の最期の姿。⑲＝太陽の数倍の大質量星は、超新星という大爆発を起こして、一気に飛び散ってしまう

⑲

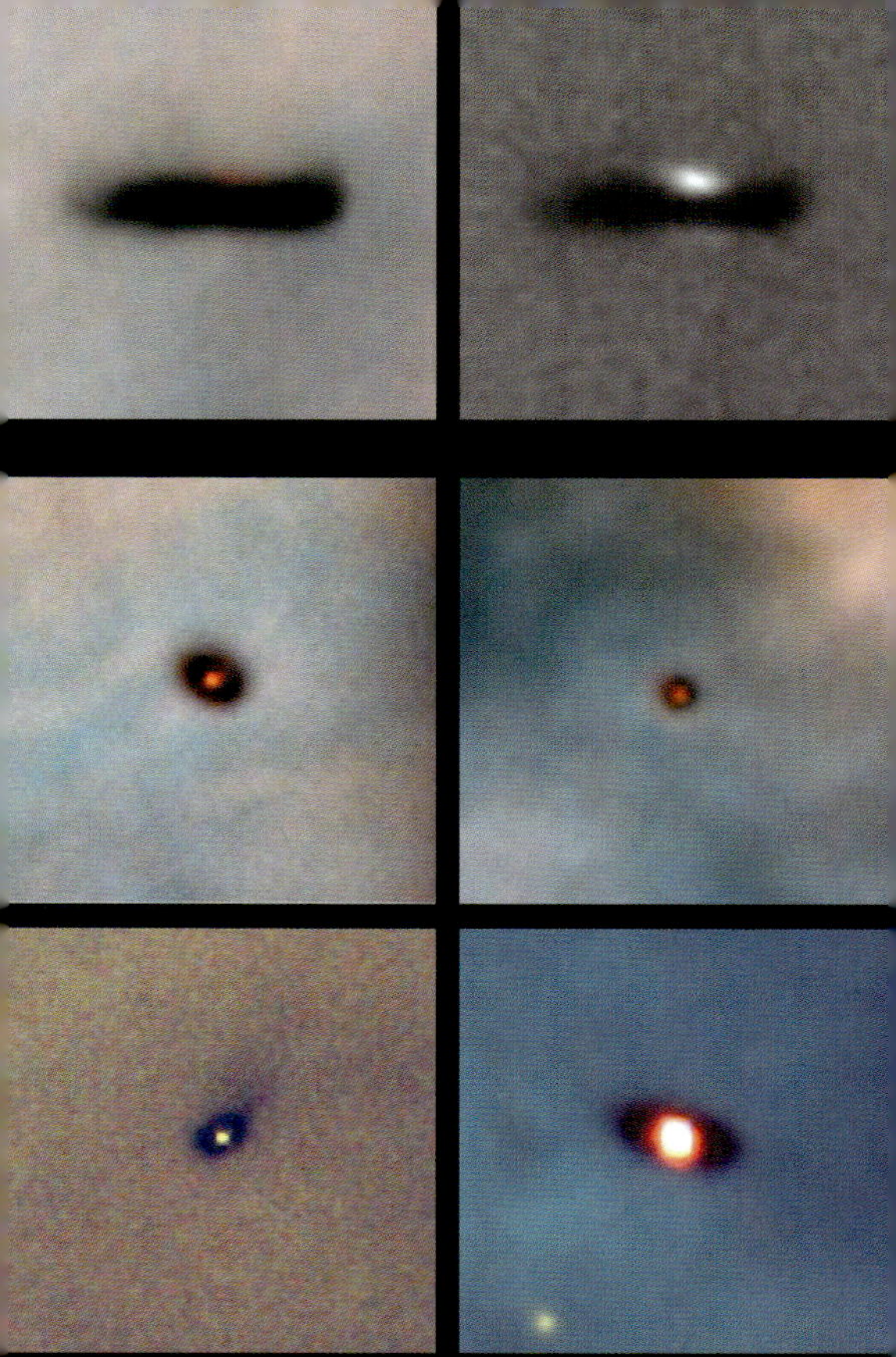

50

原始惑星系円盤

ハッブル望遠鏡がオリオン星雲中にとらえた、生まれつつある星（原始星）の周囲に広がるチリの円盤。上の2枚は横から、下の4枚は上から見たもの。中央で赤く光るのが原始星。地球もこの段階をへて惑星になった

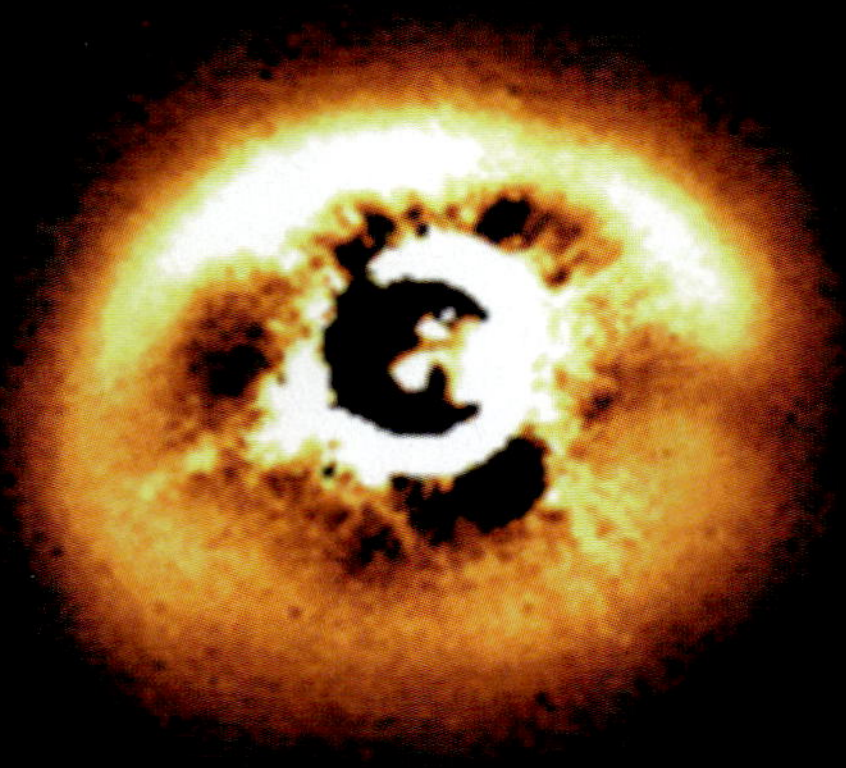

すばるがとらえた原始惑星系円盤 ⑤1

すばるのコロナグラフ・カメラCIAOが撮った、おうし座にある原始星・GG星の周囲に広がるチリの円盤

こんなに面白い大宇宙のカラクリ

――「すばる」でのぞいた137億年の歴史

二間瀬敏史＋山田 亨

講談社＋α文庫

はじめに──「すばる」の見た世界へようこそ

1999年1月、アメリカ・ハワイ州ハワイ島の標高4200メートルに達するマウナケア山の山頂で、口径8・2メートルの巨大な反射鏡をもつ「すばる望遠鏡」が誕生し、ついにその巨大な〝眼〟を宇宙に向けました。

すばるは、日本の文部省（現・文部科学省）国立天文台により、世界でもっとも宇宙の観測に適した場所の1つであるハワイ島マウナケア山に、約9年の歳月をかけて建設されました。可視光、つまり人間の目で見ることができる光や、赤外線をとらえることができる望遠鏡としては、世界でもっとも大きいものの1つとして、その高性能を誇っています。

その巨大な口径は、「宇宙の果て」ともいえるほど遠くにある、誕生したばかりの銀河からの、とてもかすかな光をとらえるためのものです。ただ大きいだけではなく、たとえば10キロメートル先にある体長5ミリのアリを見分けることができるほどのすぐれた〝視力〟ももっています。

初めて宇宙からの光をくっきりととらえることに成功した1999年1月の「ファースト・ライト」以来、すばるは、初期の機能試験やさまざまなテスト観測を終えて順調に動き出し、現在は、日本国内や海外のさまざまな大学・研究所の天文学者たちの〝眼〟として、宇宙の謎に挑戦しつづけています。

天文学の発展の歴史は、そのまま、望遠鏡の発展の歴史でもあります。小さな望遠鏡を初めて宇宙に向けたガリレオ・ガリレイの時代以来、新しい技術に支えられた新しい大望遠鏡が生まれるたび、われわれの知ることができる「世界」は、次々と大きく広がってゆきました。そしていま、すばるは、われわれが見ることができるであろうまさに「宇宙の果て」に挑《いど》みつつあります。

「遠い宇宙」を見ることは、その宇宙で起きていた「過去のできごと」を観測することに相当します。つまり、すばるにとって「宇宙の果て」への挑戦は、同時に「時間の果て」、つまり「宇宙のはじまり」に向かってさかのぼる挑戦でもあるのです。

われわれ自身の「はじまり」に思いをはせるとき、人間は、どこまで時間をさかのぼって答えを見つけようとするでしょうか？　江戸時代や戦国時代のご先祖様？　いや、卑弥呼《ひみこ》の時代の謎や、日本人の起源なんていうのも、とてもロマンをかきたてる事柄です。もうちょっと気宇壮大《きうそうだい》な人になると、人類の発祥《はっしょう》や哺乳類《ほにゅう》の起源、さらにさかのぼって、6〜5億年前爆発的に増加した地球上の生命の起源に思いをはせることでしょう。そして、約46億年前といわれる、地球、あるいは太陽系の誕生に行き着くことになります。

しかし、この太陽系の誕生でさえ、じつは、「われわれの銀河系（天の川銀河）」という1つのシステムが生まれ、現在のような姿になってきた歴史のなかの1コマでしかないのです。

われわれ人間の起源は、銀河誕生の歴史ととても深い関係をもっています。地球上の物質、つまりわれわれ人間の体をつくっている元素のほとんどは、少なくとも46億年よりも前に、銀河のなかで生まれ、そして死んでいった星々のなかでつくられてきたからです。われわれの起源を探る旅は、太陽系の誕生を見て終わるのではなく、天の川のような「銀河」が宇宙の歴史のなかでどのように誕生してきたのか、という疑問へとつづいてゆくことになります。

この本では、すばる望遠鏡の最新の成果を中心に、135億年といわれる「宇宙の歴史」をひもときます。ぜひとも伝えたいのは、その多くが、想像や推定ではなく「実際に観測されている」できごとだ、ということです。たとえば、考古学者や歴史学者は、遺跡や遺物、そしてさまざまな形の資料から、過去の歴史を〝再構成〟しようとします。が、この本で語られる多くの内容は、天文学者がすばるなどの望遠鏡を使って、遠くの宇宙で、過去に起こったできごとを、「実際にこの目で……」見たものにほかなりません。われわれ人類は、135億年の宇宙の歴史のなかでどのような場所に立っているのか、宇宙の歴史の全体像が、おぼろげながらも、ようやくそのベールを脱ぎつつあるのです。

それでは、すばるが明らかにしつつある「宇宙の歴史」を紹介してゆきましょう。

2003年2月

二間瀬《ふたませ》敏史《としふみ》
山田《やまだ》 亨《とおる》

こんなに面白い大宇宙のカラクリ——「すばる」でのぞいた137億年の歴史◎目次

はじめに——「すばる」の見た世界へようこそ　3

図解「すばる望遠鏡」のしくみ　16

第1章　「夜空ノムコウ」はカラクリがいっぱい

太陽系ってなんだろう？

望遠鏡でわかった太陽系の姿　22

どんどん広がる「われわれの世界」　24

すばるは〝太陽系の考古学者〟　28

「天の川」はどんな形をしている？

ハーシェルの考えた宇宙　31

天の川銀河の本当の姿　34

われわれを包む「ダークマター」　39

どこまでもどこまでも「深い」宇宙
銀河までの距離を測ったハッブル　43
「天体の群れ」がつくる大宇宙　46
はるかかなたの距離の測り方　48
まだ誰も見たことのない宇宙を求めて　52
「宇宙に果てはあるか?」へのお答え
観測できるのは宇宙の一部だけ　57
覚えておきたい銀河の基礎知識
銀河の基本形はこの3つ　60
銀河同士はよくぶつかる!?　63
天文学者がはまる「銀河の地図づくり」
宇宙の大穴「ボイド」が示すもの　64
銀河系の〝ご近所〟の地図　66
ナットクできない「宇宙原理」の謎
宇宙は一様・等方といわれても……　70
「宇宙の地平線」問題というミステリー　72

第2章　ついにわかった宇宙の誕生（130億〜135億年前）

はじまりの大爆発「ビッグバン」
レーズンパンでわかる宇宙膨張　76
135億年前、宇宙は「点」だった　78
重力が宇宙の運命を握る⁉
「4つの力」は基本の力　80
重い星の重力は時空を変化させる　83
アインシュタインの奇妙な失敗
天才物理学者の好きな宇宙モデル　86
前言撤回、また撤回？　88
宇宙はどうやら「平坦」らしい　90
想像を絶する〝火の玉〟宇宙
宇宙はただいま「絶対温度3度」　94
輻射《ふくしゃ》が伝える熱い熱い宇宙の過去　98

原子核すら壊れる灼熱《しゃくねつ》の世界 100
100秒たったら元素のできあがり
元素のもと「バリオン」 104
すばるで宇宙の初めの元素量もわかる 106
光がさしこむ「宇宙の晴れあがり」
原子ができて宇宙は大変化 109
宇宙の初めの光からわかること 112
WMAPが伝えた最新宇宙像 116
〝銀河のタネ〟を大きく育てたもの
「デコボコ」だけでは何かが足りない 118
〝肥料〟となったのはダークマター 120
見えないダークマターを見つけ出せ
「失われた質量」を予言したツビッキー 122
「重力レンズ」の証言 123
宇宙でいちばん古い天体をすばるが発見
「そのもっと前の天体」を知るヒント 128

熱いダークマター、冷たいダークマター 129
最大の謎「宇宙はどうやってつくられたか」 132
物理法則は宇宙の存在を許さない？ 132
インフレーション膨張という超ウラワザ！ 134

第3章 すばるがとらえた神秘の銀河（100億〜130億年前）

宇宙の歴史を教えるクェーサー 138
やけくそでわかったクェーサーの正体 138
天の川銀河100個分もの輝き！ 141
クェーサーが広げる宇宙 143
大昔に起こったクェーサーの〝人口爆発〟 145
なぜ最初の数十億年がピークなのか 145
銀河の誕生を告げる光だった 148
あこがれの「原始銀河」をついに発見！ 150
「生まれたての銀河」はどこだ？ 150

クェーサーがあるところが原始銀河⁉ 152
宇宙の果てから届いた電波 154
宇宙観測ならすばるにお任せ！
巨大望遠鏡だからこそできる観測 157
110億年前の銀河を取り出す仕掛け 159
すばる最大の武器「シュプリーム・カム」 163
銀河が生まれやすい場所が判明 165
巨大水素ガス雲は銀河誕生の場 167
すばるがとらえた太古の宇宙パノラマ
遠方銀河の光は赤外線となって届く 170
110億年前の銀河の様子 171

第4章　宇宙のしくみはここまで見えた（50億〜100億年前）

銀河の個性が出てくる100億年前
遠方銀河はわれわれの過去を映す鏡 176

生まれたての星が放つ青い光　180
楕円銀河のレシピ　181
銀河はおしあいへしあい群れたがる
銀河団内で生き残る〝故老〟銀河　185
銀河団は〝宇宙の化石〟　187
真ん中に鎮座する超巨大銀河　189
すばるが見つけた〝銀河実験室〟
謎ときを待つ80億年前の超銀河団　192
宇宙の質量地図で〝お宝探し〟
隠れたお宝銀河団を見つける方法　195
弱い重力レンズがつくるゆがみ　197
一世を風靡《ふうび》した「スターバースト銀河」
爆発的に誕生した小さな銀河　200
あの銀河たちはいまいずこ？　203
宇宙の〝星出生率〟も低下の一途!?
１００億年前がいちばん子だくさん　206

すでに子育てを終えた天の川銀河　209
宇宙もやってる「元素リサイクル」　213
われわれの身体は星のなかでつくられた　213
すばるがとらえた80億年前の超新星爆発　217

第5章　すばるが迫るさらなる謎（現在～50億年前）

アンドロメダ銀河の「散光星雲」　220
渦巻き腕のなかで生まれる星たち　220
もっと美しい星の誕生をズームアップ！　225
オリオン星雲にとまる〝赤い蝶〟　225
天の川銀河にある〝青い砂時計〟　227
星の美しさにはワケがある　229
惑星状星雲と超新星爆発の艶《あで》やかさ　229
末は地球か？　太陽系外の原始星の姿　233
原始星を包むチリの円盤をとらえた！　233

第二の地球は見つかるだろうか？
「ホット・ジュピター」の1年はたった4日!? 236
太陽系と似た惑星系は存在する 238
「生命と水の惑星」の存在条件 239
大宇宙の歴史に人類が登場したのはいつ？
生命誕生は地球ができて10億年以内 242
宇宙と人類のかかわりは「まばたき」程度 244
宇宙を見つめるすばるの挑戦
観測天文学のフロント「すばる望遠鏡」 246
すばるを超える超大型望遠鏡!? 248
あとがき 250
謝辞 252
写真・図版クレジット 253

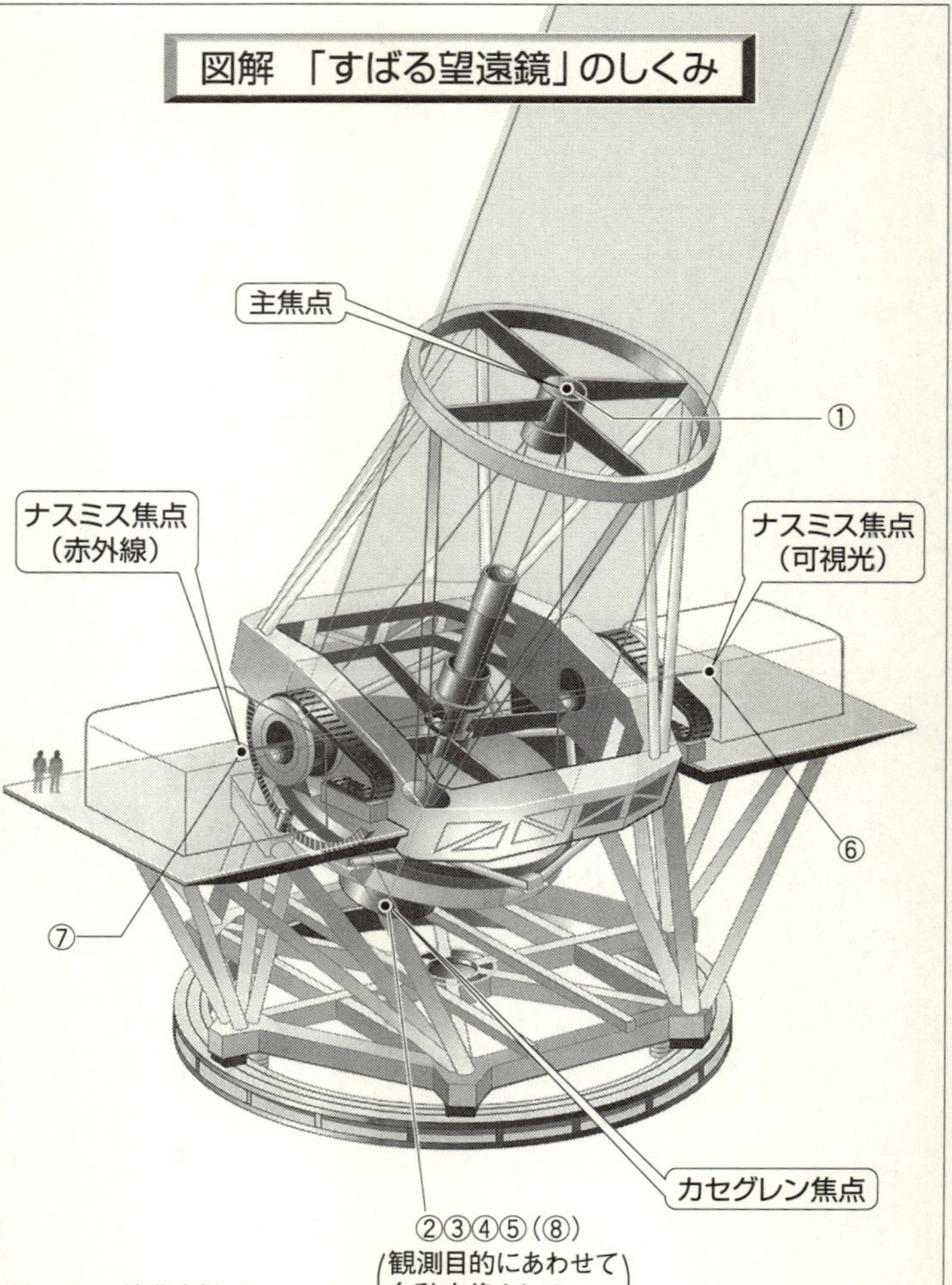

イラスト・遠藤高悦／
日経サイエンス1996年
2月号より

すばる大分析！

名称　大型光学赤外線望遠鏡すばる
サイズ　高さ24m／総重量555t
設置場所　ハワイ島マウナケア山頂（標高4200m）
主鏡　口径8.2mのつなぎめのない一枚鏡（世界最大）／厚さ20cm／重さ23t
しくみ　反射鏡で集めた光は、4つの焦点に設置された7つの観測装置と1つの補助装置によって解析される

①すばる広視野主焦点カメラSuprime-Cam (Subaru Prime Focus Camera)
すばるの主焦点に装着された8000万画素のCCDカメラ。月の直径と同じ視野を1度に撮影でき、銀河の誕生や進化、宇宙構造の研究などに威力を発揮する
②近赤外線分光撮像装置IRCS (Infrared Camera and Spectrograph)
高い解像力と感度による撮像観測や2万分の1の波長差を識別できる、すばるの基本装置
③コロナグラフ撮像装置CIAO (Coronagraphic Imager with Adaptive Optics)
明るい天体のすぐ近くにある暗い天体を撮像できる装置。惑星が生まれるチリの円盤などを研究
④冷却中間赤外線分光撮像装置COMICS
(Cooled Mid Infrared Camera and Spectro-meter)
波長10ミクロンと20ミクロンの中間赤外線で星間ガスのチリなどを観測する装置
⑤微光天体分光撮像装置FOCAS (Faint Object Camera and Spectrograph)
視野内の100個の天体のスペクトルを同時に撮像できる高感度の可視光観測装置。宇宙の果て近くにある銀河までの距離を調べる
⑥高分散分光器HDS (High Dispersion Spectrograph)
可視光で10万分の1の波長差を識別でき、宇宙における元素の進化などの研究に用いられる装置
⑦OH夜光除去分光器OHS (OH Airglow Suppression Spectrograph)
上層大気の夜光を取り除き、高い感度を実現する分光器。遠方銀河など暗い天体の粗い分光観測に用いられる
⑧波面補償光学装置AO (Adaptive Optics)
大気のゆらぎを補正し、主鏡の解像力を実現する補助観測装置。望遠鏡と②あるいは③のあいだに置かれ、②あるいは③と組み合わされて使用。ハッブル宇宙望遠鏡をしのぐ0.06秒角もの解像力が得られる

すばる VS. ハッブル宇宙望遠鏡

	大気の影響	像のシャープさ	視野の広さ（可視光）	観測できる波長（ミクロン）
すばる	あり	0.4秒角*　（8 ：	150	0.3〜20
ハッブル	ほとんどなし	0.15秒角　3）	1	0.2〜2

*シーイング良好時、補償光学なし

こんなに面白い大宇宙のカラクリ

――「すばる」でのぞいた137億年の歴史

第1章
「夜空ノムコウ」はカラクリがいっぱい

夜空に輝く無数の星を見つめて、われわれ人類は宇宙に思いをはせ、その神秘を解明するために天文学を発展させてきました。いまや、われわれは、太陽系が銀河系の一員であり宇宙にはほかにも銀河が無数にあること、そして、宇宙は「ビッグバン」と呼ばれる状態からはじまったらしいことや、さらに現在に至るまで膨張をつづけていることさえ知っています。

これらの知識のほとんどは、20世紀になってようやくわかってきたことにすぎません。そして現在、すばる望遠鏡に代表される大望遠鏡の登場によって、宇宙の歴史の全体像が、おぼろげながらわかるようになってきました。

宇宙を探れば、どのような天体が見えてくるのか。われわれは、宇宙のなかで「どこに」「どの時代に」位置する存在なのか。まず、太陽系から銀河、そしてわれわれの近くで見られる銀河の分布までを振り返ってみることにしましょう。

✩太陽系ってなんだろう?

まず、われわれの住むこの地球の次に大きな「世界」である「太陽系」から、宇宙の物語をはじめることにしましょう。

望遠鏡でわかった太陽系の姿

古代から、人々は天体の運行に興味をもっていました。夜空をめぐる太陽や月の運行は、暦《こよみ》(太陽暦、太陰暦《たいいんれき》)にも使われるなど、実用上もとても重要なものでしたが、太陽や月の次に人々の興味を引いたものは、水星、金星、火星、木星、土星などの「惑星《わくせい》」でした。「惑《まど》わす星」というネーミングは、いつも同じ位置関係で夜空に光っている「普通の星」とは違って、少しずつその位置を変える動き方をするところからきています。

いまでは、これらの惑星は太陽のまわりを回る地球と同じ仲間であり、そのほかの普通の星は、ずっと遠くにある太陽と同じような「恒星《こうせい》」であるということは、よく知られています。人工衛星（探査機）がいくつも火星、木星、土星などをめぐる現代に住むわれわれは、太陽系の空間的な広がりでさえ容易に思い描くことができます。

しかし、太陽のまわりを惑星が回っているという現在の「太陽系」のモデルができたのは、300年以上も前、17世紀になってからのことです。これには、チコ・ブラーエ（16世紀、デンマークの天文観測家）やケプラー（16〜17世紀、ドイツ生まれの天文学者、ブラーエの弟子）の精密な観測と、コペルニクス（15〜16世紀、ポーランドの天文学者）やガリレオ（16〜17世紀、イタリアの天文・物理学者）の「地動説」という大胆《だいたん》な発想が重要な役割を果たしました。

太陽系が太陽とそのまわりを回る惑星の集まりであることを、現在のわれわれは、しごく当たり前のことのように知っているわけですが、夜空を見上げて、星の光と見た目の動きだけから、その実体、空間的な広がりを思いつく——これは、やはりたいへんなことではないでしょうか。

ガリレオは、望遠鏡を夜空に向けて天体観測をおこなった最初の人でもありました。そのときの望遠鏡は、口径2・6センチメートルの小さなものでしたが、月のクレーターや木星の衛星などを見ることができました。それ以降、望遠鏡はどんどん大きくなり、そして、その性能をあげてきたのです。

ガリレオがつくった望遠鏡は、レンズで光を集めるので「屈折《くっせつ》望遠鏡」と呼ばれますが、一方、鏡で光を集める望遠鏡を「反射望遠鏡」といいます（図1－1）。反射望遠鏡を最初につくったのは、イギリスの天文・物理学者ニュートン（17～18世紀）といわれています。どちらの方式の望遠鏡でも、より遠くの天体を観測するには、より多くの光を集めなければならないので、レンズや鏡の口径を大きくしなければなりません。口径が2倍になれば4倍の光を集めることができて、同じ明るさの天体なら、2倍遠くにあっても同じように見ることができます。図1－2には、すばる望遠鏡がとらえた木星の姿をガリレオの木星と衛星のスケッチと並べてみました。

どんどん広がる「われわれの世界」

ガリレオの時代、惑星は5つ（水金火木土）しか知られていませんでしたが、それからの望遠鏡の発達によって、太陽系（図2）はまだほかにも、より遠くにいくつか

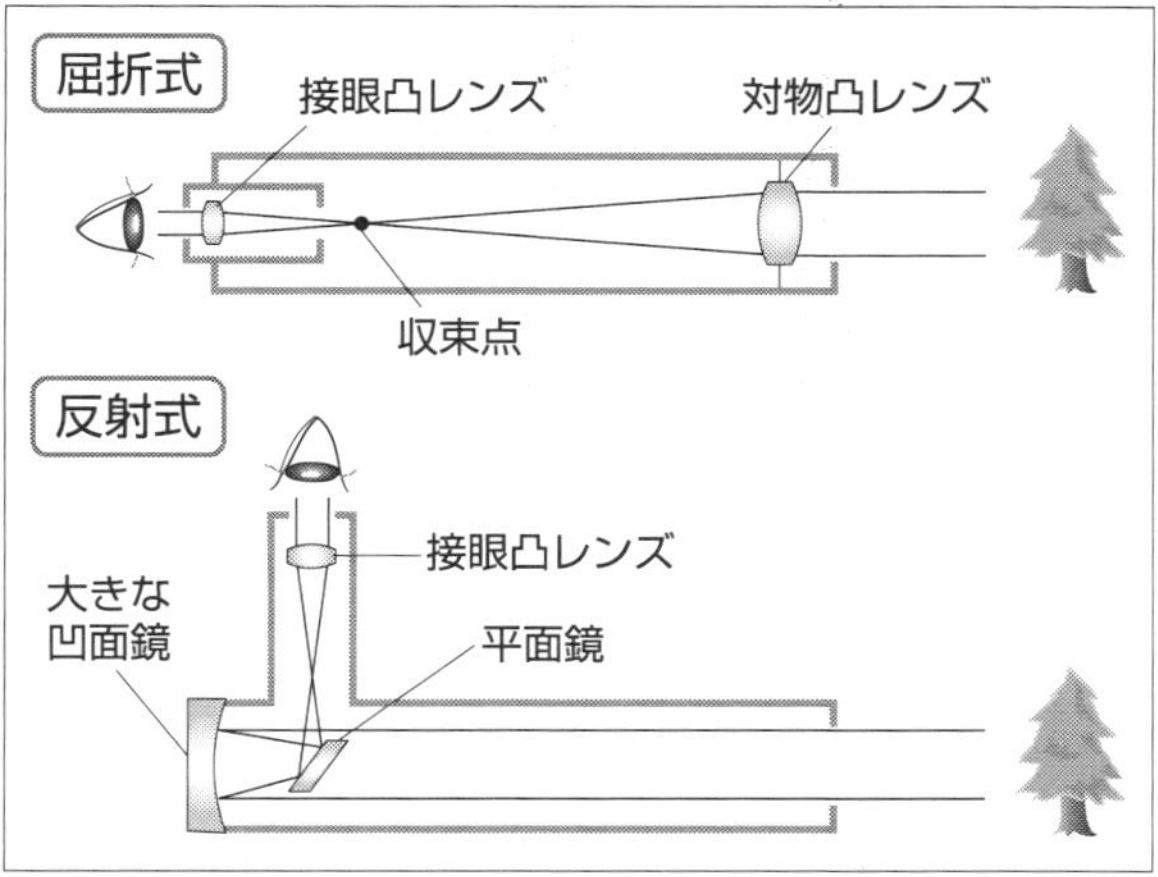

図1-1　望遠鏡のしくみ　望遠鏡は光の集め方によって、レンズを使う屈折式と鏡を使う反射式とに分かれる。どちらも集められた光は収束点という1点で収束し、そこを越えるとふたたび広がってゆく。レンズや鏡の口径が大きくなるほど、集光力と細かい部分まで見える解像力もアップする

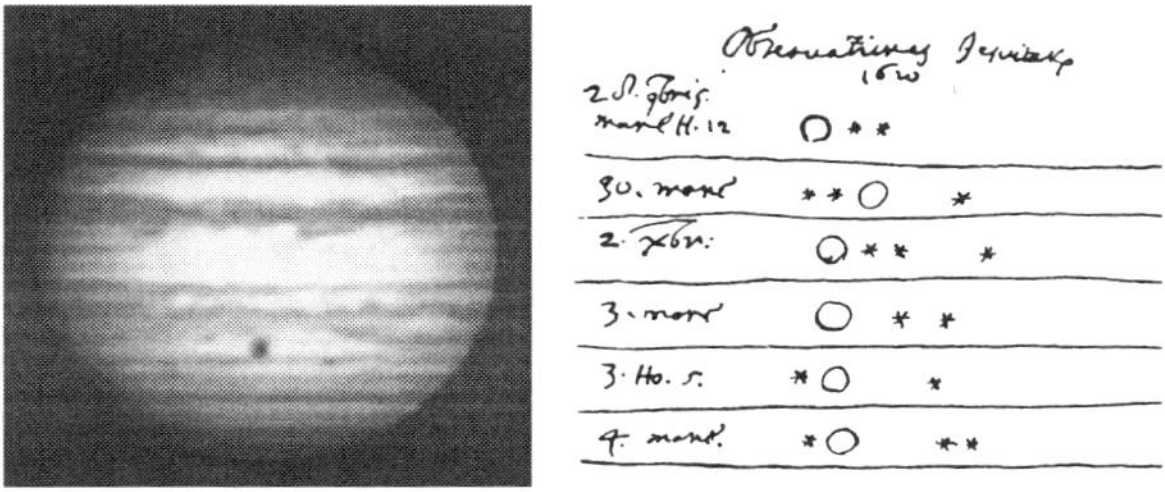

図1-2　すばるがとらえた木星（左）とガリレオの見た木星と衛星のスケッチ

の惑星をもっていることがわかってきました。われわれの認識する「世界」、すなわち太陽系の広がりは、これらの発見とともに、次第に大きくなってきたわけです。

まず18世紀の終わり頃、1781年に、天王星が太陽から約19天文単位のところに発見されました。「1天文単位」というのは、太陽と地球の平均距離で、1億5000万キロメートルのことです。いちいち何億何千万キロメートルといっても、どれくらいの距離なのか、ちょっと想像がつきません。そこで、太陽と地球との距離を単位にしてやれば、「この惑星は、太陽から地球までの、何倍の距離にあるのか」ということがすぐにわかるので便利です。つまり、太陽から天王星までの距離は、太陽から地球までの距離の約19倍という意味です。ちなみに、木星は太陽から約5・2天文単位、土星は約9・5天文単位のところにあります。

1846年には、海王星が太陽から約30天文単位の距離に発見されました。そして1930年、昭和5年には、太陽系の最遠の惑星である冥王星《めいおう》が発見されています。冥王星の軌道は大きくゆがんだ楕円《だえん》で、太陽にもっとも近づくときは太陽から約30天文単位で海王星の軌道の内側になり、遠ざかるときは約49天文単位になります。

1978年には冥王星のまわりを回っている衛星が発見され、カロンと名付けられ

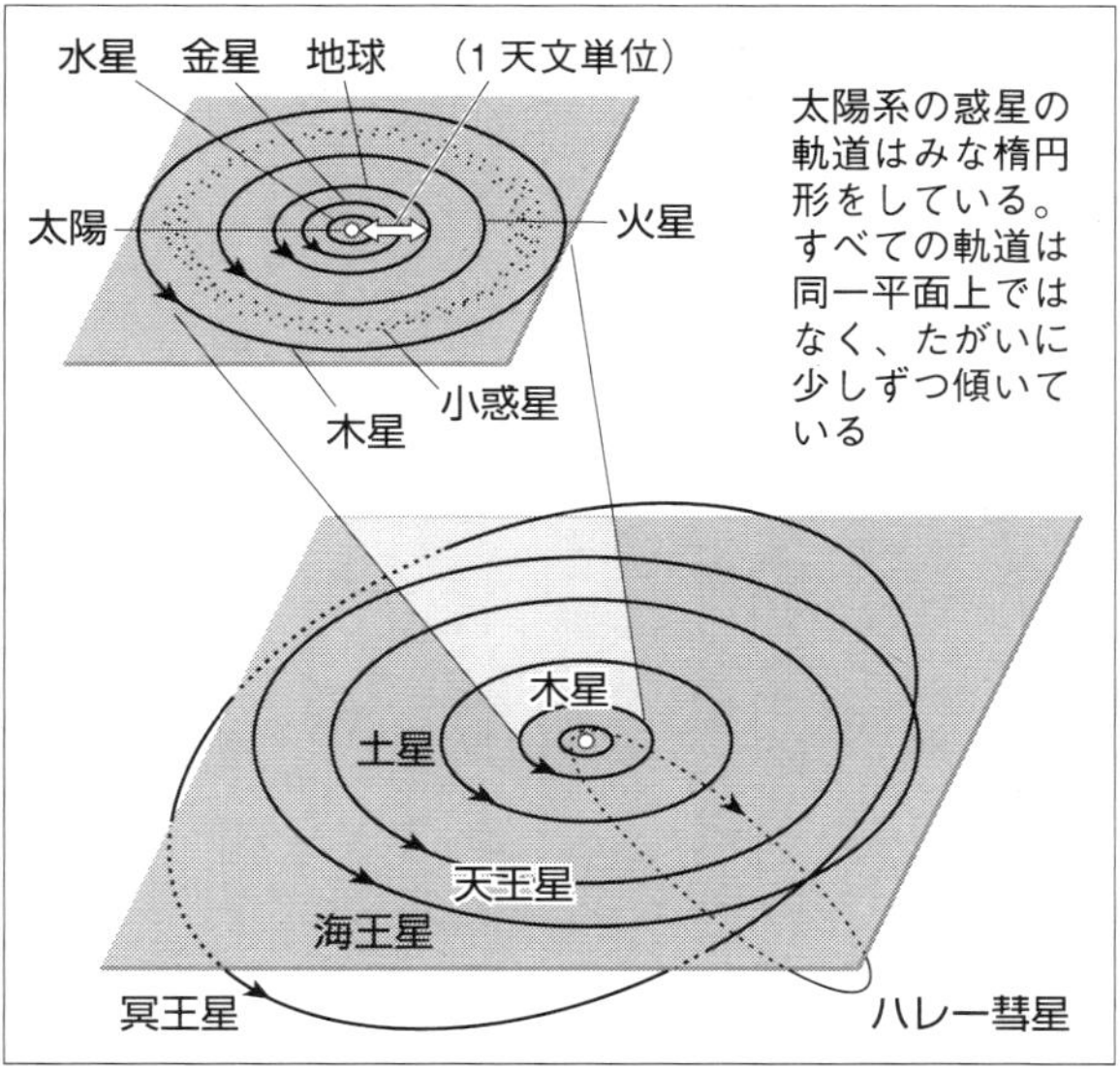

図2　太陽系

ました。冥王星の直径は2274キロメートル（地球の3分の1程度）なのに対してカロンの直径は1172キロメートルもあり、衛星というよりは双子の惑星とでもいったほうが適当かもしれません。

1999年、ガリレオが小さな望遠鏡を木星に向けてからおよそ400年の後、一度にその10万倍もの光を集めることのできるすばる望遠鏡が冥王星とカロンに向けられ、カロンの表面に氷が存在することが確認されました。われわれが住むこの太陽系の姿を求める旅は、ガリレオの時代からすばるまで、綿々と受け継がれてきたのです。

すばるは〝太陽系の考古学者〟

じつは太陽系のメンバーは、これらのよく知られた9つの惑星だけではありません。まず、火星と木星のあいだに無数の小惑星（小惑星帯）があります。小惑星は、木星の強い重力の影響によって、大きな惑星になることができなかった天体と考えられています。１８０１年に最初の小惑星「セレス」が発見されて以来、現在まで数万個にのぼる小惑星が発見されています。

また、海王星の軌道付近から冥王星の軌道付近のあいだ、いわば太陽系のさいはての地には、無数ともいえる微小《びしょう》な天体が存在します。これらの微小天体も惑星になりきれなかった天体で、１９５０年頃、エッジワースとカイパーがその存在を予言したので、エッジワース・カイパーベルト天体（略称ＥＫＢＯ。日本の天文学者は、よく「エクボ」と読みます）と呼ばれています。このような天体は、１９９２年に最初に発見されて以来、２００２年現在まで５５０個以上発見されています。ふつう惑星とい

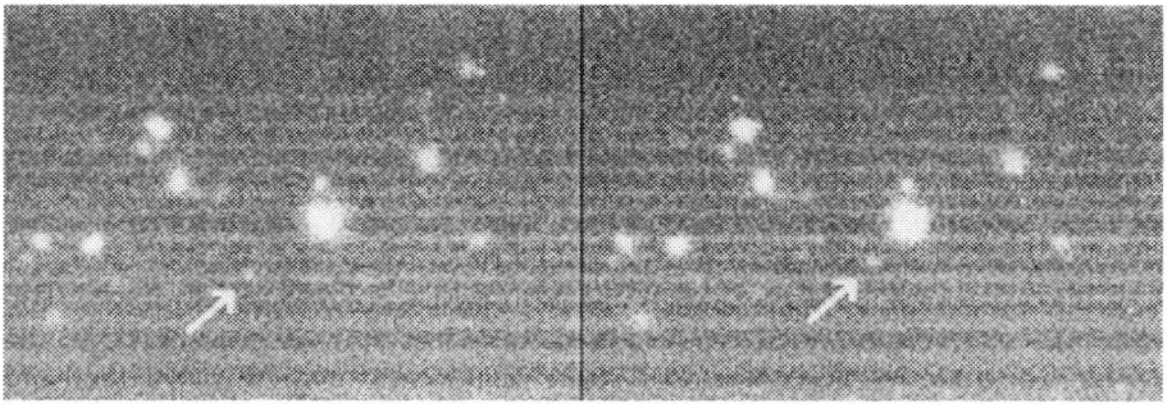

図3　すばるが発見したＥＫＢＯ天体。右は左の約１時間後に撮影されたもの。背景の遠い星と比べると、矢印のＥＫＢＯ天体が移動しているのがわかる

われる冥王星、そしてその衛星のカロンも、惑星というよりは、微小なＥＫＢＯ天体のうちの特別に巨大なものだと考えられています。

２００１年２月の観測で、すばるが11個の新たなＥＫＢＯ天体を発見しました。これらのうちの１つは、大きさが約１００キロメートル、地球から約63億キロメートル離れていて、冬の夜空に輝く明るい星シリウスなど、肉眼で見えるもっとも明るい星である１等星と比べると、見た目の明るさはじつにその40億分の１（！）という、とても暗い天体なのです。

図3は、その「２００１ＤＲ１０６」と呼ばれる天体を含む空を、約１時間の間隔をおいて２回、すばるの「主焦点《しゅしょうてん》広視野カメラ」（１６３ページ参照）という装置で撮像したものです。矢印で示されたＥＫＢＯ天体が、周囲の星に比べて動いているのがわかります。周囲の星

は恒星、つまりずっと遠い天体なので、1時間のあいだに相対的な位置が変わることはありませんが、EKBO天体は太陽系のはずれを動いてゆきますから、位置が変わるのです。このように移動してゆく天体を探して、EKBO天体を見つけます。

すばるなどの大望遠鏡によって、現在でも、太陽系のさらなる〝家族の肖像《しょうぞう》〟が、明らかにされつづけています。地球上には、もはや辺境《フロンティア》と呼べる場所は少なくなりましたが、太陽系の辺境は、いまもすばるによって開拓されているのです。

さらに、もっと遠くにも、太陽系の祖先とも呼べる天体があります。それは冥王星のはるかかなた、3000天文単位から10万天文単位にかけて存在する無数の彗星《すいせい》の群れ、「オールトの雲」と呼ばれる天体です。太陽系はその誕生の頃、「原始太陽系星雲」という、宇宙空間に漂っていた水素を主成分とする星雲をともなっていたと考えられています（233ページ）が、おそらく、オールトの雲はその原始太陽系星雲の物質であると思われます。

太陽系の辺境を開拓する研究は、われわれ自身の住む恒星系の現在の姿を明らかにしようというだけでなく、太陽系誕生の歴史をとどめる天体を調べる〝太陽系の考古学〟でもあるのです。

☆「天の川」はどんな形をしている？

星々の世界はどこまで広がっているのでしょうか。この疑問は、最初に望遠鏡が夜空に向けられて以来、つねに問いつづけられてきました。そして、「太陽系」がこの世界のすべてではないことは、18世紀頃には十分に認識されていました。

ハーシェルの考えた宇宙

夏や冬の夜、都会から離れた田舎《いなか》で空を見上げると、まるで夜空にミルクを流したような帯状のあわい広がりを見ることができるでしょう。これが天の川です。この天の川を望遠鏡で見て、無数の暗い星が密集しているものだと発見したのも、やはりガリレオでした。

18世紀になると、イギリスの天文学者ハーシェルは、自分でつくった望遠鏡を使っ

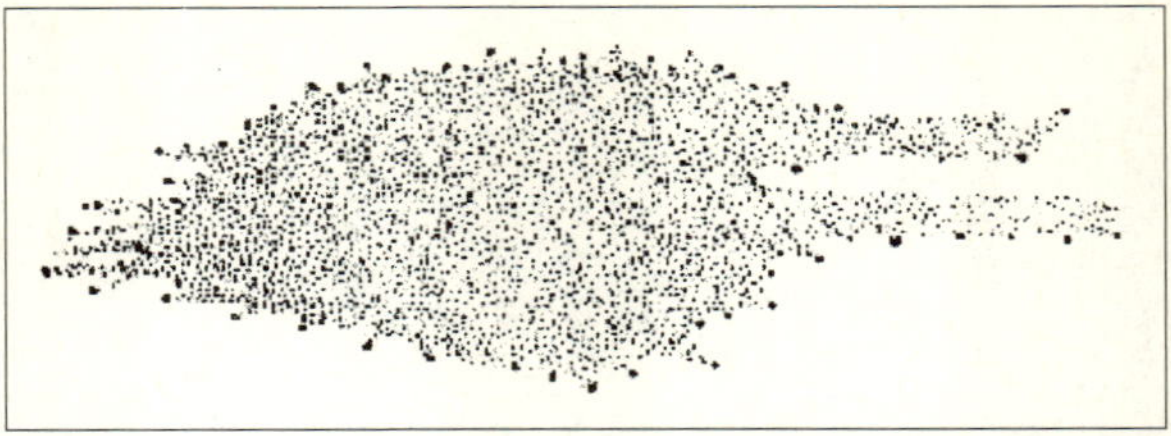

図4　「ハーシェルの宇宙」　ハーシェルは、天の川はこのような形をした星の集まりで、われわれはその中心部付近にいると考えた

て、星が空間にどのように分布しているかを調べました。星の明るさは、どれもだいたい同じであるとして、暗く見える星ほど遠くにあると考えると、星までのおおよその距離を見積もることができます。

ハーシェルは、天の川は太陽を中心として横が約6000光年、縦が2000光年ほどの、いびつな円盤状に分布する星の集団ではないか、と考えました。これは、「ハーシェルの宇宙」（図4）と呼ばれます。横に広がった方向に多くの星があるので、中心にいるわれわれから見ると帯状の「天の川」として見える、というわけです。ハーシェルの宇宙は、われわれが初めて認識した「星の世界」としての宇宙の大きさだったのです。

ここで「光年」という距離の単位を説明しておきましょう。1光年とは光が1年かけて走る距離で、約9兆5000億キロメートルです。といってもピンときませんが、たとえば太陽系の大きさと比べてみると、太陽から出た光は、地球まで（＝1天文単位）はわずかに8分程度、いちばん遠い惑星である冥王星まででも4時間ほどで届いてしまいます。1光年とは、1天文単位の約6万倍、つまり太陽と地球の距離の6万倍にも相当するのです。したがってハーシェルが考えた宇宙は、太陽系などに比べると非常に大きいことになります。

しかし、じつは、ハーシェルは間違っていました。星の世界は、ハーシェルが考えた以上に、はるかに大きいものだったのです。天の川、すなわちわれわれの太陽系が含まれるこの星の集団は、その直径がなんと10万光年、ハーシェルの宇宙の数十倍の大きさに広がっていることが、その後明らかにされてきました。この星の集団を、「われわれの銀河系」または「天の川銀河」と呼びます。太陽系はわれわれの銀河系の中心ではなく、中心から3万光年ほど離れた、円盤のかなり端のほうに位置しています。もっとも、円盤のなかにいるので、夜空のうえでは帯状の天の川に見える、という点は間違っていなかったのですが。

ハーシェルの間違いの原因は、どこにあったのでしょうか？　まず星の明るさは、本当はどれも一定というわけではありませんので、ハーシェルの方法は、もともとそれほど正確ではなかったということがあります。ところが実際上は、極端に明るい星や極端に暗い星をのぞけば明るさに大差はなくなるので、おおざっぱな距離の推定方法としては、けっして大きく間違ってはいませんでした。

ハーシェルの間違いというのは、第一に、彼の望遠鏡が小さくて遠くの暗い星が見えなかったということ、そして、彼が知らなかったことがあったためなのです。それは、星と星のあいだの空間には星間ガスやチリなど「星間物質」と呼ばれるガス状の物質が広がっていて、遠くの星の光は、われわれからは見えにくくなるということでした。遠い星ほど、この星間物質、とくにチリと呼ばれる微粒子《びりゅうし》の雲によってさえぎられてしまいます。この星間物質による光の吸収によって、ハーシェルは、1万光年程度よりも遠くの星を見ることができなかったのです。

天の川銀河の本当の姿

星間物質はおもに水素のガスですが、そこには少量の炭素や酸素、鉄などの原子や分子、またチリなども含まれています。とくに星間物質の濃いところを「星間雲《せいかんうん》」、また、水素分子をはじめ一酸化炭素などいろいろな分子を含んでいる場合は「分子《ぶんし》雲《うん》」といいます。

星間雲のさらに濃いところは、新しい星が生まれる場所でもあります。有名なオリオン座のオリオン星雲（口絵㊼参照）は、できたばかりの明るい星に照らされて輝いて見える星間雲の一部分なのです。

さて、ハーシェルの観測が十分でなかった点を振り返ってみましょう。

たとえば、100光年かなたに星間物質がなければ6等級に見える星があったとします。6等星とは、人間の目が望遠鏡などを使わないで見ることのできる、いちばん暗い明るさの星です。

もし、この星の光が、途中の星間物質によって1等級暗い7等級になったとしたら、もはや人間の目には見えなくなるでしょう。もしもその星の方向に、運悪く非常に密度の高い星間雲があったとすると、星の光は完全にさえぎられて、ハーシェルの望遠鏡でも見えなくなってしまうのです。

それでは、この星間物質のベールを通して天の川の本当の姿を映し出すには、いったいどうすればよいでしょうか？

星間物質に含まれる微粒子は、光を吸収したり散乱（光とぶつかってその方向を変えること）したりしますが、じつは、人間の目がとらえることのできる「可視光」よりも、波長の長い「赤外線」や「電波」は、微粒子の影響をほとんど受けずに素通りできます（可視光も赤外線も電波も同じ「電磁波」の仲間であり、波長の長さの違いによって名称が変わる。95ページ図17参照）。したがって、星間物質の影響を避けるには、電磁波のなかでも波長の長い赤外線や電波を用いて観測すればよいということになります。

口絵⑳は、アメリカのCOBE《コービー》という赤外線・電波観測衛星がとらえた天の川の姿です。ちょうど地球を世界地図にするように、赤外線で見た夜空を地図に置き換えた写真です。夜空をふりあおいで見ることができる天の川とはずいぶんと感じが違いますが、われわれが円盤状の星の集まりのなかに埋もれているということが、とてもよくわかる写真です。

じつは、皮肉なことに、赤外線の存在を「発見」したのも、同じくハーシェルなのです。さすがに赤外線で宇宙を見ることまではできませんでしたが、ハーシェルは、星界の真の姿を明らかにするための〝カギ〟に気づいていたのでしょうか？

実際に、電波や赤外線で宇宙を観測できるようになったのは、1950年代以降の

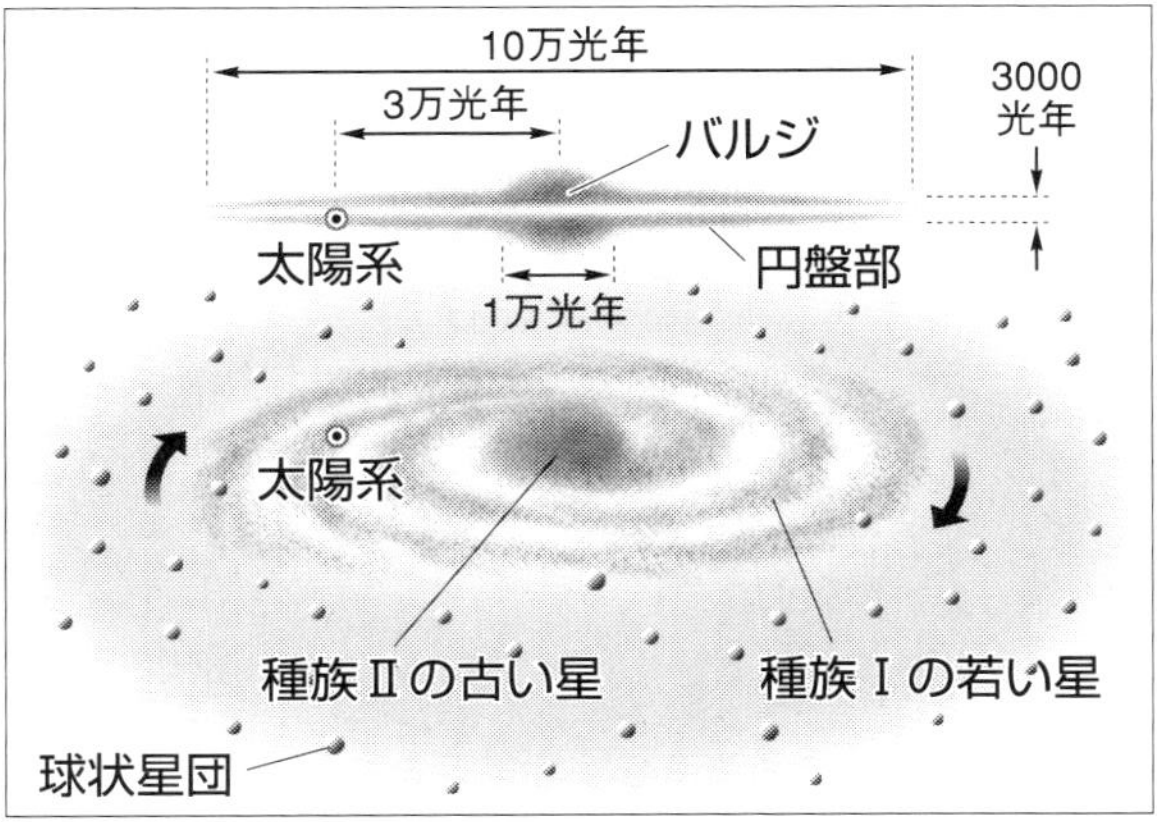

図5　われわれの銀河系（天の川銀河）

ことです。電波や赤外線の観測は、チリのベールの向こうを見通すだけではなく、天文学にとってさらに重要な意味をもっています。宇宙には、可視光よりも電波や赤外線で明るく輝いている天体が、数多くあることがわかってきたからです。

また、宇宙の果てにある天体からの光は、われわれに届くまでに波長が伸びて長くなることもあります（「赤方偏移《せきほうへんい》」。50ページ参照）。したがって、その天体がたとえば可視光をおもに放出していたとしても、われわれに届くあいだに波長が伸びて長くなって赤外線や電波でしか観測できないことになります。こうして、電波や赤外線の観測は、宇宙の果ての天体を探る重要な手段にもなっているのです。

現在の観測では、われわれの太陽系は、「銀河系（天の川銀河ともいう）」と呼ばれる約2000億個の恒星の集団の一員であることがわかっています（図5）。銀河系の形は直径約10万光年、厚さ約3000光年という巨大な円盤状で、円盤の中心部は、「バルジ」と呼ばれる直径1万光年ほどの球状の星の集団になっています。

天の川を「上から」見たら、どんな姿をしているでしょうか。口絵⑳のように、われわれは円盤のなかに埋もれているので、それは（銀河系の外に出ない限り）けっして見ることはできないのですが、近くにある別の銀河の姿から推定することができます。

口絵㉑に、すばる望遠鏡がとらえたM100《メシエ》と呼ばれる近傍《きんぼう》の銀河の姿を示しました。われわれの銀河系は上から見ると、おそらくこのような姿をしているでしょう。

円盤部分には種族Iと呼ばれる若い星、バルジには種族IIと呼ばれる古い星が分布しています。円盤部分の星は、中心から外側に向かって伸びる渦巻きのように分布しており、この部分を腕といいます。このため、われわれの銀河系は「円盤銀河」とか「円盤渦巻き銀河」と呼ばれる銀河の種類に分類されています（60ページ参照）。

また、円盤部分を大きく取り囲むようにして、約200個の「球状星団」（口絵⑦）と呼ばれる天体が、半径約数万光年の球状に分布しています。それぞれ、10万〜100万個の星が半径約1光年の球状に密集している星団です。われわれの銀河系にある球状星団の大半は、非常に古い星からできており、銀河が誕生した頃の名残《なごり》を伝えるものであると考えられています。

われわれを包む「ダークマター」

このような光、赤外線、電波のような電磁波で観測される星やガスのほかに、じつは、銀河は「ダークマター（暗黒物質）」と呼ばれる、電磁波を放出も吸収も散乱もしない物質によって取り囲まれていることがわかっています。

「ダークマター」とはいったい何でしょうか？　見えない（可視光、赤外線、電波などの電磁波を出さない）物質の存在が、どのようにして明らかになったのでしょうか。

現代天文学では、物質は、「ダークマター」とそれ以外の「普通の物質」に分けて考えられます（図6）。「普通の物質」というのは星、惑星、星間物質などのことで、われわれが身近に知っているものと同じく、原子からできています。原子は、原子核のまわりを電子が回っている構造で、その原子核をつくるのは陽子と中性子です。陽子と中性子を総称して「核子《かくし》」といい、これはまた「バリオン」とも呼ばれています。つまり、宇宙にある「普通の物質」のおおもとは、このバリオンといえるのです。バリオンからつくられた「普通の物質」は、もちろん見ることができて（その物質が出す電磁波をとらえることで）存在が証明できます。

これに対して、ダークマターは見えないだけでなく、その正体、つまりダークマターが何からできていて、どれだけ広がっているかということは、現代の天文学、物理学の知識をもってしても、結論は出ていません。ですが、宇宙全体を見ると、ダークマターは「普通の物質」の質量の10倍以上あると考えられており、宇宙は、むしろダークマターでできているといったほうがよいくらいなのです。

なぜ、通常の光（電磁波）を出したり、吸収したりもしないのに、その存在がわかったのかというと、ダークマターは「質量」、ひらたくいえば「重さ」をもっているからです。

透明人間X氏が、体重計に乗ったところを想像してください。X氏は見えませんが、体重計の針だけは、X氏の体重の目盛りを指すことになります。われわれはX氏

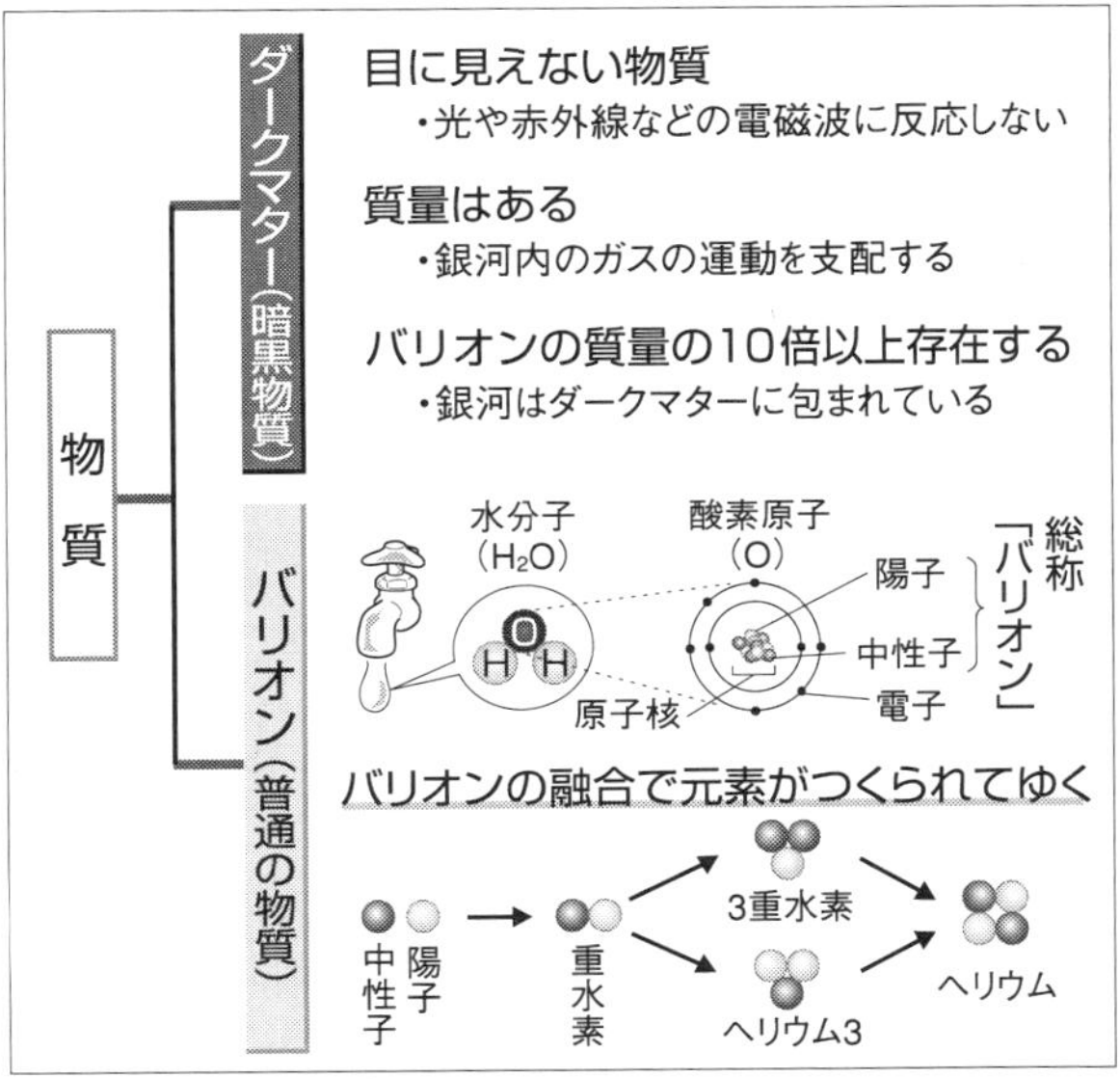

図6　ダークマターとバリオン

の姿を見ることはできないものの、体重計の針が動くことによって、人間並みの体重をもった「何か」が体重計に乗っているとわかります。

天文学者も、じつは、これと同じようなことをやっています。ただし、この場合の〝体重計〟は、銀河のなかのガスや星の運動の仕方や、あるいは、銀河の動き方です。銀河のなかのガスの動き方を、精密に調べれば調べるほど、ニュートンの万有《ばんゆう》引力の法則や、アインシュタインの相対性理論が間違っていない限り、そこには見えないけれどもガスの運動を支配している「質量」があることが確かになってきました。

こうして、宇宙には、われわれが身近に知っている「普通の物質」とは違う、質量をもっている見えない物質、すなわちダークマターが存在することが明らかになってきたのです。

宇宙には、「われわれの銀河系（天の川銀河）」のような星の大集団が無数にあって、それらは、「銀河《ギャラクシー》」と呼ばれます。銀河には、円盤渦巻き型や、楕円型などの特徴をもっているもの、「マゼラン星雲」のように不規則な形を示すものなど、いろいろな形があります。また、天の川の10倍くらい明るい銀河から、天の川の100分の1くらいの明るさしかないものなど、さまざまなタイプの銀河が存在しています。おそらくはどの銀河も、このダークマターに包まれているようです。

✪どこまでもどこまでも「深い」宇宙

20世紀の初め頃、天文学には大論争がありました。昔から、アンドロメダ座にかすかに光っている小さな雲のようなものが知られていて、アンドロメダ星雲と呼ばれていました。このアンドロメダ星雲が、われわれの銀河系のなかにある天体なのか、それともわれわれの銀河系と同じような莫大《ばくだい》な数の星の大集団なのか、という論争です。

銀河までの距離を測ったハッブル

この論争に決着をつけたのが、20世紀を代表する天文学者エドウィン・ハッブル。1924年、ハッブルはアンドロメダ星雲までの距離を測ったのです。測ったといっても、むろん、アンドロメダ星雲まで伸びる〝ものさし〟があったわけではありません。「セファイド」と呼ばれる特殊な変光星を利用して、星の明るさから距離を推定したのです。

ハッブルは、その距離を約90万光年と見積もりました。この値《あたい》は、現在知られている正しい値（230万光年）に比べるとかなり小さいのですが、それでも、直径10万光年ほどもある巨大なわれわれの銀河系の、さらにそのまた外にある天体であることが明らかになったのです。そこで、われわれの銀河系と同じような星の集団という意味で、アンドロメダ星雲も「銀河」と呼ばれることになりました。

アンドロメダ銀河までの距離は、われわれ銀河系の直径の20倍以上になりますから、われわれの知る「宇宙」の大きさは一挙に何十倍にも広がったのです。

アンドロメダ銀河は、天の川とよく似た〝立派な〟銀河としてはもっとも近くにあるもので、正真正銘、われわれの銀河系、すなわち天の川銀河の〝お隣さん〟と呼べる天体ですが、じつはそれ以外にも、いくつかの銀河がわれわれの銀河系のまわりに群がっています。

北半球からはほとんど見えないので、日本人にはあまりなじみはありませんが、われわれの銀河系からおよそ15万光年離れたところ（アンドロメダ銀河よりずっと近く）

に「大マゼラン星雲」、20万光年離れたところに「小マゼラン星雲」と呼ばれる銀河があります。大小マゼラン星雲は、われわれの銀河系と比べるとずっと小さく、また、形も不規則な銀河なのですが、われわれの銀河系の重力の影響を強く受けており、いわば天の川銀河の〝お供〟の銀河です。そのほかにも、われわれの銀河系のまわりを取り囲むように小さな銀河がいくつかあって、さらに、お隣のアンドロメダ銀河の近くのものも含めた中小の銀河が、半径300万光年ほどの領域に群がっています。

このような少数の銀河の群れを「銀河群」と呼んでいます。われわれの銀河系は、アンドロメダ銀河といっしょに、中小30個あまりの銀河を引き連れた1つの「銀河群」をつくっています。われわれの属するこの銀河群の名前を、「局所銀河群」といいます。「局所」とは「すぐそばの」という程度の意味です。天文学の名前のつけ方も、最近はどんどんロマンチックではなくなっています。今後、何かその存在にふさわしい、立派な名前がつけられるとよいのですが。

「天体の群れ」がつくる大宇宙

ここで、われわれの住む「世界」の構造を復習しておきましょう（図7）。われわれが住むこの地球は、「太陽系」のなかにある惑星です。太陽系は太陽を中心になりたっていますが、その太陽は、約2000億個の恒星集団がつくる「われわれの銀河系（天の川銀河）」のなかにある恒星の1つです。

宇宙には、われわれの銀河系と同じような銀河が多数存在しています。われわれの銀河系はまた、アンドロメダ銀河やそのほかの銀河とともに、「局所銀河群」と呼ばれる銀河の小集団をつくっています。

どうやってできたのかはさておいて、これらはすべて、重力によって結びつけられた天体集団の段階的な階層（宇宙の階層構造）になっています。局所銀河群の大きさは、ざっと半径300万光年程度、われわれの銀河系の直径の60倍程度の広がりです。

さらにその上の階層があるのでしょうか？　じつは、宇宙には、銀河が何百と集まった集団が数多く存在しています。それらを「銀河団」といいます。

たとえば、春の夜空の代表的な星座であるおとめ座のあたりには、天文愛好家たち

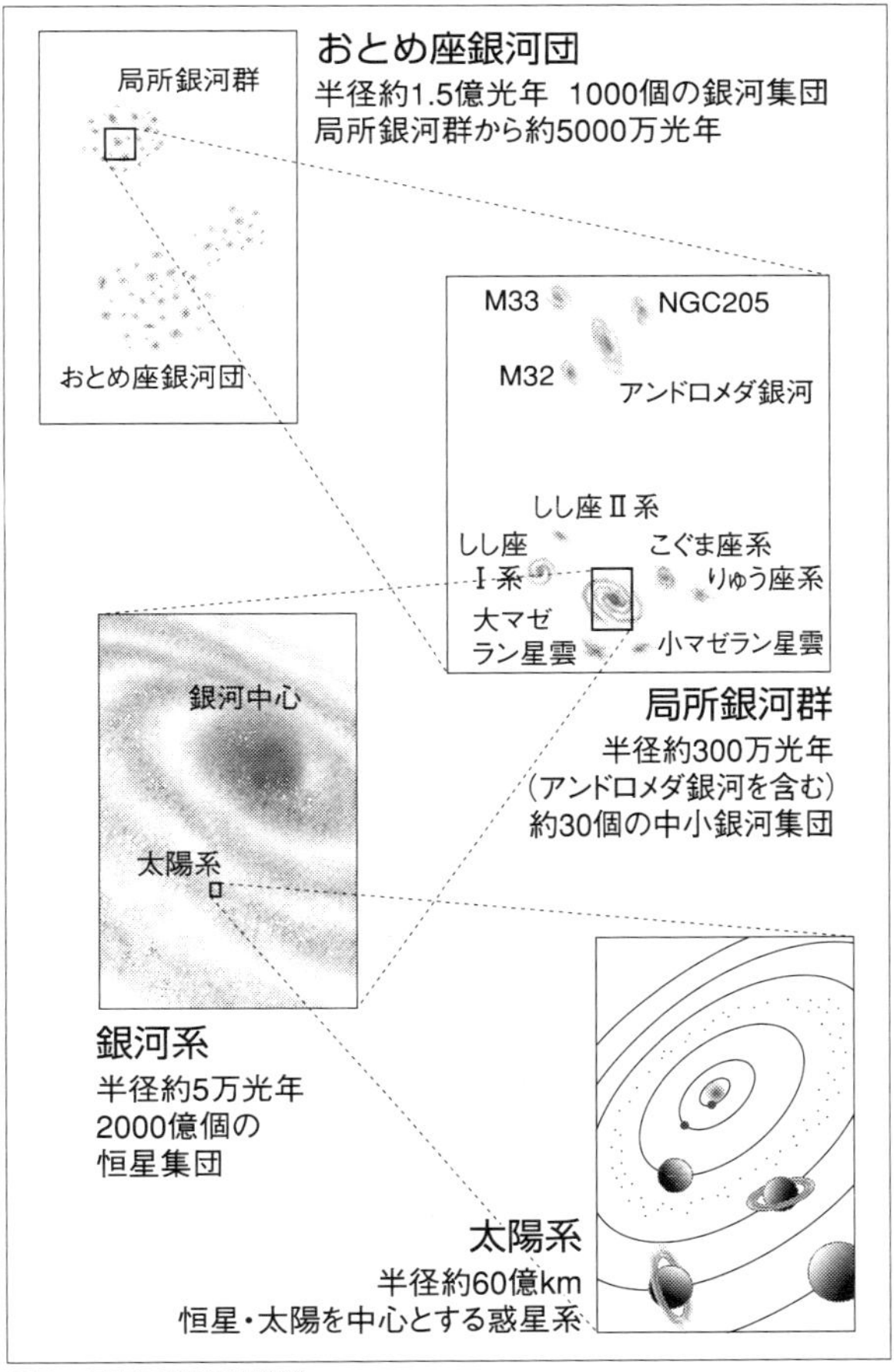
おとめ座銀河団
半径約1.5億光年　1000個の銀河集団
局所銀河群から約5000万光年
局所銀河群
おとめ座銀河団
M33
NGC205
M32
アンドロメダ銀河
しし座Ⅱ系
しし座
Ⅰ系
こぐま座系
りゅう座系
大マゼ
ラン星雲
小マゼラン星雲
局所銀河群
半径約300万光年
(アンドロメダ銀河を含む)
約30個の中小銀河集団
銀河中心
太陽系
銀河系
半径約5万光年
2000億個の
恒星集団
太陽系
半径約60億km
恒星・太陽を中心とする惑星系

図7　宇宙の階層構造

のもつ小型の望遠鏡でも数多くの銀河を見ることができますが、その多くは、約5000万光年かなたにある銀河の集団、すなわち銀河団のメンバーなのです。この銀河団はおとめ座方向に見えるので「おとめ座銀河団」と呼ばれていますが、星座のおとめ座（これは地球のすぐ近くの星たち）とは直接の関係はありません。

われわれの銀河系、あるいはそれを含む局所銀河群は、いまのところどの銀河団にも属していませんが、このおとめ座銀河団を包むような構造（局所超銀河団）の周辺部に位置しており、おとめ座銀河団のほうに向かって、毎秒300キロメートルで落下しつつあるといわれています。もっとも、おとめ座銀河団にたどりつくまでは、まだ100億年以上の時間が必要となる勘定になります。

はるかかなたの距離の測り方

それでは、銀河の世界はいったいどこまで広がっているのでしょうか？　それを知るためには、とりもなおさず、ひとつひとつの銀河までの「距離」を正しく測る必要があります。

ハッブルの用いた基本的な距離の推定方法は、現在でも使われています。それは、ある特別な種類の変光星（セファイド型変光星。図8）を使う方法です。変光星、つまり明るさを変える星にはいくつかの種類があるのですが、「セファイド型変光星」というのは、星が規則的、周期的にふくらんだり縮んだりすること（脈動《みゃくどう》）によって、その明るさを周期的に変える星のことを指しています。

ハッブルの用いたこの種類の変光星は、変光の周期が長いほど明るさが明るい、という性質をもっています。その星をじっと観察していて、その明るさの変化の周期がわかれば、周期と明るさの関係からその星の本来の明るさが推定できます。そして、本来の明るさと、観測によって測定した見かけの明るさとの違いから、距離を見積もることができるのです。たとえば、懐中電灯の光を遠ざけてゆくと、同じ明るさの電灯の光が、だんだん暗くなっていきます。これと同じことで、同じ明るさの星なら、遠くにあればあるほど暗く見える、ということを利用して、距離を求めているわけです。

ハッブルは、1924年、アメリカ・南カリフォルニアのウィルソン山にある当時最大の口径2・5メートルの望遠鏡で、アンドロメダ銀河のなかのセファイド型変光星を十数個見つけて、その距離を測定したのです。

ちなみにNASA（アメリカ航空宇宙局）がその約60年後に打ち上げた宇宙望遠鏡（口径2・4メートル、ハッブルの名をとってハッブル宇宙望遠鏡と呼ばれる）やすばる望遠鏡では、3000万光年程度かなたの銀河のなかのセファイド型変光星を観測することができます。しかし、それより遠くの銀河までの距離を決めるには、セファイド型変光星が見えなくなるので、ほかの方法をとらなければなりません。

銀河までの距離を測定していたハッブルは、やはり1929年、天文学史上最大の発見の1つ、宇宙の膨張《ぼうちょう》を表す「ハッブルの法則」を発見します。「銀河はほとんどすべて、われわれから遠ざかっており、その遠ざかる速さ（後退速度）は、銀河までの距離に比例している」というもので、ハッブルは、これが「宇宙が至るところで膨張している」証拠であると見破ったのです。

銀河がわれわれから遠ざかっていることは、銀河からやってくる光の波長が、長いほうにずれている（目で見える光は波長が長いほど「赤い」ので、この現象を「赤方偏移《せきほうへんい》」と呼ぶ。図8）ことから知ることができます。

たとえば、サイレンを鳴らす救急車の音が、近づいてくるときは高く（波長が短い）、遠ざかるときは低く（波長が長い）聞こえるように、移動している物体から出さ

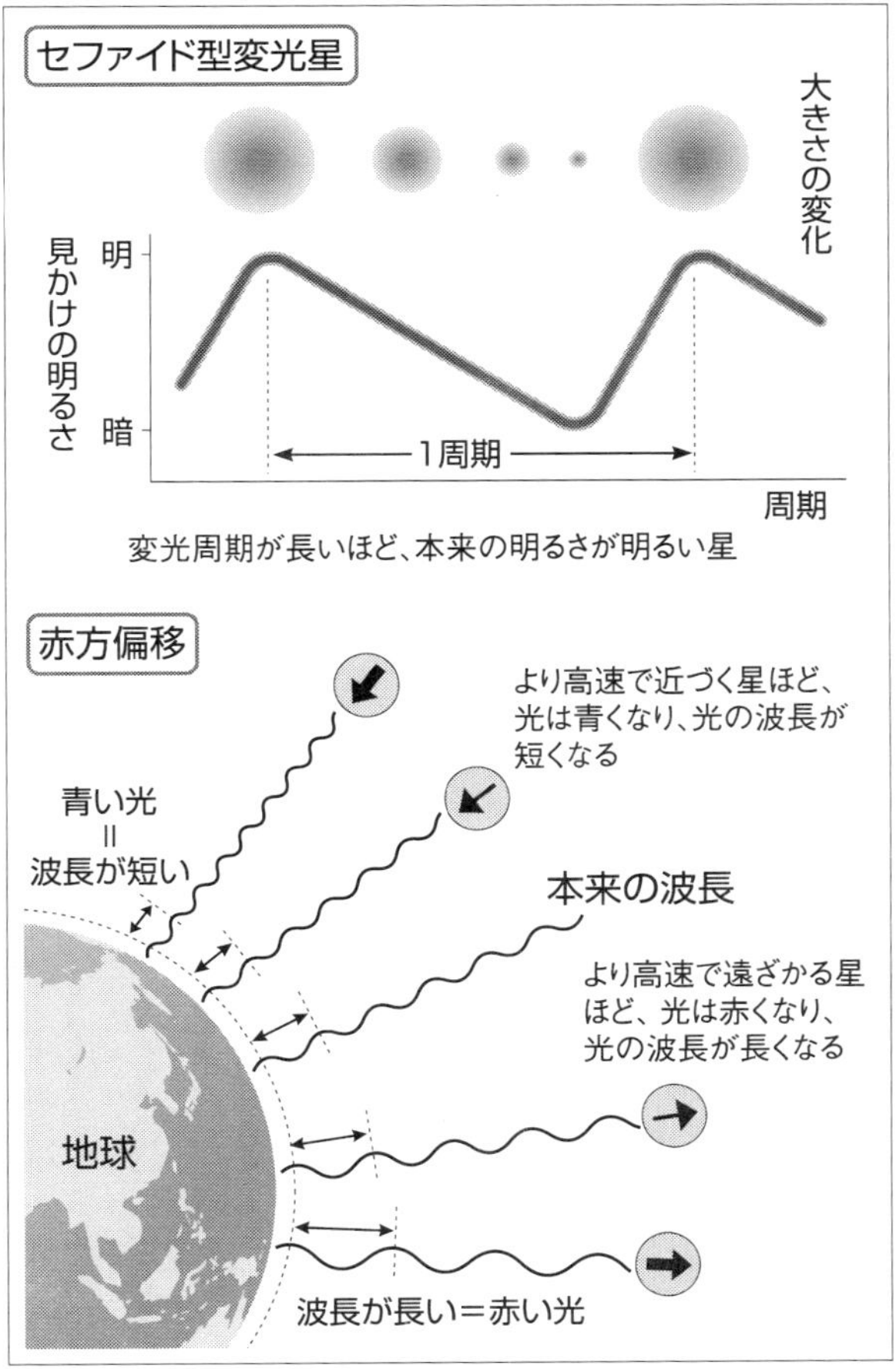

図8　セファイド型変光星と赤方偏移

れた音や光の波長が変化することは、「ドップラー効果」としてよく知られています。銀河の場合は、光の「波」を出していますので、光の「波」の波長の変化を調べることで、銀河がわれわれに対してどんなふうに運動しているのかを知ることができるわけです。

ハッブルはセファイド型変光星を使って測った銀河までの距離と、この赤方偏移から求めた「銀河がわれわれから遠ざかっている速さ」とを比べてみて、ハッブルの法則を導いたのでした。宇宙の膨張については、宇宙の歴史をたどる出発点として、次章の初めにもう少しくわしく述べます。

ハッブルの法則によって、銀河までの距離と、遠ざかる速度とのあいだの関係がわかりました。この関係を用いれば、銀河の遠ざかる速さ、すなわち銀河からの光の波長の「ズレ」＝「赤方偏移」から、今度は逆に、銀河までの距離が求められることになります。この方法により、セファイド型変光星が見えないくらい遠い銀河でも、その距離を求めることが可能となったのです。

まだ誰も見たことのない宇宙を求めて

どんどん遠くの銀河を探してゆくと、どうなるでしょうか？　アンドロメダ銀河や局所銀河群の銀河は、われわれの〝お隣さん〟だったわけですが、宇宙には無数ともいえるほどの銀河があります。100万光年、1000万光年、そして1億光年、さらにもっと遠くへと銀河を探してゆくことができます。

口絵㉒は、ハッブル宇宙望遠鏡によって写された、現在のところもっとも「深い」、つまりもっとも遠い銀河まで見通した宇宙の姿です。「ハッブル・ディープ・フィールド（ハッブル深探査領域）」と呼ばれるこの画像は、夜空の本当に小さな一角、満月の直径のわずか15分の1くらいの大きさの空を見たものですが、そこには、約2000個あまりのさまざまな明るさ、大きさ、色をもった銀河の姿が映し出されています。

「もっと遠い銀河」「もっともっと遠い銀河」——どこまでもどこまでも深い宇宙の姿を求めようとするのは、宇宙の謎を解き明かそうとする天文学者にとっては「夢」「大目標」、いや、一種の「強迫観念」なのかもしれません。新しい観測装置、より大きな望遠鏡ができるたび、これまで誰も見ていなかった宇宙の姿を探ろうとするのです。

ハッブル宇宙望遠鏡は、銀河宇宙の姿を映し出すものとしては、初めて宇宙に打ち上げられた、本格的な「天文台」だといえるでしょう。宇宙空間に出ると、地球の大気の影響がないため、銀河からやってくる光をとてもシャープにとらえることができます。

また、地球上から見る夜空は、暗いといっても地球の大気によって散乱された光や、「夜光《やこう》」と呼ばれる発光現象によって、じつはわずかながら明るく照らされていて、真の闇《やみ》とはいえないのです。口絵㉒のなかの暗い銀河と、同じくらいのサイズの夜空の明るさを比べると、夜空のほうが数百～数千倍明るくなります。ハッブル宇宙望遠鏡のように宇宙空間に出て観測すると、「夜空」はずっと暗くなり、地上の観測ではなかなか見づらかった銀河の光も、明確にとらえることができるようになります。

では、口絵㉒の銀河は、いったいどれくらいの距離にあるのでしょうか。ここに見えている銀河のうちもっとも遠いものは、約130億光年の距離をもっています。宇宙全体の膨張や宇宙の歴史を考えると、だんだん「距離」というのが何を指すのか曖昧《あいまい》になってきますが、ここでは、その銀河から光が出発してわれわれのもとに届くまで、光の速さで130億年かかった「距離」という意味で用いています。これは、アンドロメダ銀河までの「距離」の約5000倍に相当します。

もちろん、口絵㉒のなかには、ほかにも10億光年、20億光年、30億光年……さまざまな距離にある銀河の姿が映し出されています。

口絵㉓は、口絵㉒の一部分を拡大して表示したものです。立派な円盤形や、ラグビーボールのような楕円形をした銀河は比較的近いものなのですが、遠くの宇宙にいくほど、銀河は見た目も暗く、小さく、そして、いびつな形をしたものがだんだん増えていきます。

口絵㉒、㉓は、宇宙のほんの小さなひとかけらを、とても小さな窓からのぞき見しているようなものなのですが、それでも、ここには宇宙の歴史が凝縮《ぎょうしゅく》されているといえます。われわれ人類の目が、初めて宇宙の歴史を「見通した」ということができる画像なのです。

✩「宇宙に果てはあるか?」へのお答え

100億光年かなたの宇宙を見ることは、じつは、100億年過去の宇宙を見ることでもあります。100億光年かなたの銀河からの光は、100億年の時間をかけて、われわれのもとに届くからです。つまり、遠くの宇宙を観測することは同時に、過去の宇宙を観測することでもあるのです。

したがって、遠くの宇宙を観測すれば、できたばかりの若い銀河や、あるいは、銀河が誕生する、まさにその瞬間を見ることができるかもしれないというワクワクするような期待がもてます。遠くの宇宙を観測することは、銀河が、いつ、どのようにして誕生してきたのかを知る「カギ」そのものなのです。

この問題は、まさに本書のテーマなのですが、ここではもう少し「宇宙」そのものについて考えてみることにしましょう。

観測できるのは宇宙の一部だけ

宇宙には「果て」があるかどうかは、よく質問される宇宙の謎の1つです。この質問に答えるには、まず「宇宙」という言葉の意味をはっきりさせることからはじめるのがよいかもしれません。

宇宙という言葉は中国からきたものですが、「宇」とは時間、「宙」とは空間の意味です。その言葉どおり、「宇宙」とは、われわれが観測できる「空間」と「時間」の領域すべてを指す、といってもよいでしょう。この意味でいうと、宇宙の果てとは「観測することができる領域のうちで、いちばん遠いところ」ということになります。いちばん遠いところからは、いちばん長い時間がかかって光が届くので、これは同時に、「観測できるいちばん古い時間」ということにもなります。

これとは別に「宇宙」とは空間と時間そのものを指す場合があります。このとき宇宙の果てとは、「空間の果て」と「時間のはじまり」のことを指すことになるでしょう。

ところが、「空間の果て」と「観測できる領域の果て」は、必ずしも一致しません。

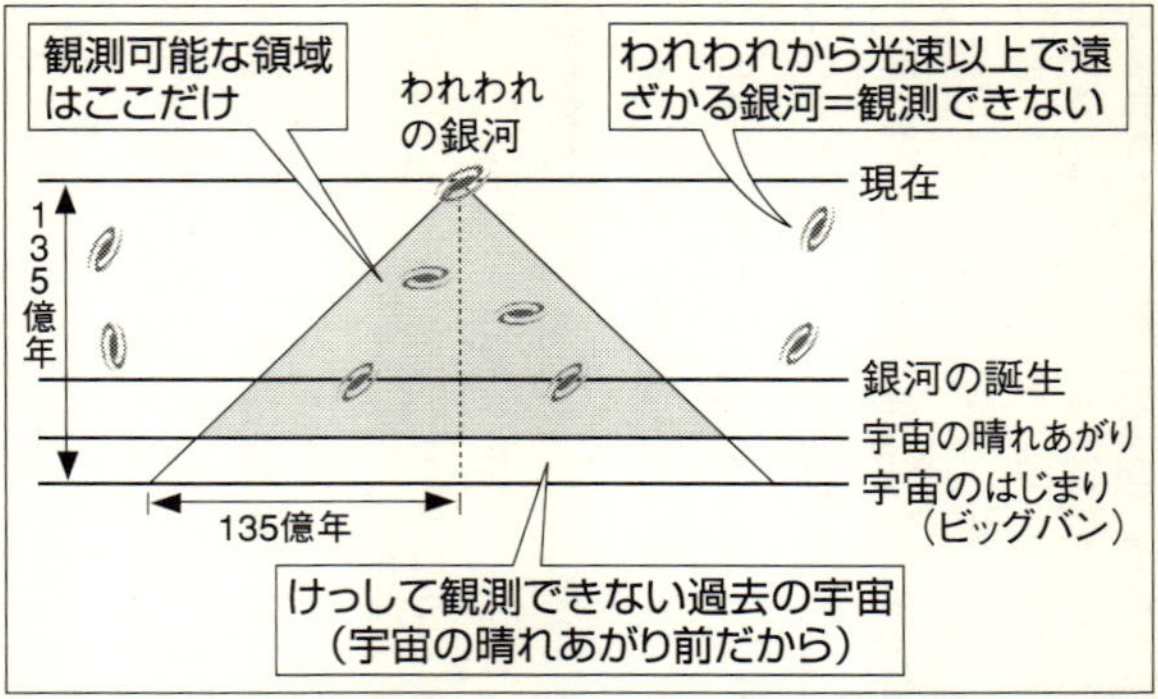

図9　観測できる領域の果て　光より速く伝わるものがないため、われわれが観測できる領域はこのように限られている。「宇宙の晴れあがり」については第2章を参照

たとえば、空間が無限に広がっていても、もし宇宙にはじまりがあるとすると、「観測できる空間」には、果てがあることになってしまいます（図9）。それは、光の速さは有限で、決まった値（秒速30万キロメートル）なので、宇宙のはじまりから現在までに光が伝わることができる距離までしか、われわれは観測できないからです。それ以上遠くを見ようとしても光より速く伝わるものがないので、不可能なのです。

空間が無限に広がっているのか、それとも有限であるのかは完全にわかっているわけではありませんが、現在の観測では、「無限に広がっていて果てがない」と考えられています。

それでは、宇宙にははじまりがあるのでしょうか。次章で、よりくわしく述べることにしますが、宇宙が膨張するその割合（と時間がたつにつれその割合が変化すること）から、宇宙は、約135億年前にはじまったと考えられています。「135億年」という数字そのものにはいまだ若干《じゃっかん》の不定性がありますが、2001年に打ち上げられたNASAのWMAP衛星による観測からは、宇宙の年齢は、137億プラスマイナス2億年であると報告されています（2003年2月）。これが、現在知られているもっとも確からしい値《あたい》です。

こうして宇宙に果てがあるのかという質問の答えは、「空間には果てがないが、観測できる空間には果てがある」ということになります。だんだんと、日常の感覚からは想像がつかない話になってゆきますが、宇宙という巨大なものを考えるとき、「時間」と「空間」は、もはや切っても切れないもの同士になっているということは、これから宇宙の歴史を見てゆくうえで、ぜひとも理解していただきたい点です。

✩覚えておきたい銀河の基礎知識

私たちが夜空を見上げるとき空に輝いているのは満天の星々ですが、これらの星はたかだか数千個。2000億個もの星を含んでいるわれわれの銀河系のなかの、太陽に近いほんの一握りの星にすぎません。すばる望遠鏡などの大きな望遠鏡で夜空を観測すると、そこに写っているのは、われわれの銀河系を遠く離れた宇宙空間を埋め尽くさんばかりの無数の銀河です。

銀河の基本形はこの3つ

宇宙を研究するとき、銀河こそが宇宙の基本的な構成要素ということができます。銀河にはいろいろの形がありますが、大きく分けると、それらは「円盤銀河（あるいは円盤渦巻き銀河）」「楕円銀河」そして「不規則銀河」の3つに大きく分類することができます。

よりくわしい銀河の形の分類は、やはりエドウィン・ハッブルによっておこなわれました。この分類は「ハッブル系列」と呼ばれます。ハッブルは楕円銀河が進化して円盤銀河となったのではないかと考えたので、楕円銀河のような銀河を早期型銀河、円盤銀河のような銀河を晩期型銀河と呼びました。現在では、この考え方は間違いであることがわかっているのですが、早期型、晩期型という言葉はそのまま残っていて、よく使われています。口絵㉔〜㉖には、すばるがとらえた、近傍の代表的な楕円銀河、円盤銀河、不規則銀河の姿を示しました。

円盤銀河（口絵㉕）とは、われわれの銀河系と同じように、星が円盤状に分布していて、その円盤部にはきれいな渦巻きが見える銀河です。中央部には、「バルジ」と呼ばれる小型の楕円銀河のような、ふくらんだ構造があります。星の集団は、放っておくと自分自身の重力によって中心部へとつぶれてしまいます。円盤銀河では、円盤部分が回転していて、外にひっぱられる遠心力で中心に向かう重力とバランスをとってその形状を保っています。われわれの銀河系やアンドロメダ銀河などは、代表的な円盤銀河といえるでしょう。円盤銀河は渦巻きの腕の巻き具合や、バルジの大きさなどで、さらに細かく分類されています。

楕円銀河（口絵㉔）は、ラグビーボールのような楕円形の星の集団です。円盤をもたず、また、渦巻きの腕のような細かい構造がほとんど見えません。銀河を構成している星の大部分は宇宙の初期にできたような古い星々であり、これから生まれる星の材料になるようなガスをほとんど含んでいません。楕円銀河は、全体としては円盤銀河のような回転はほとんどありませんが、個々の星がランダムな運動をすることによって、つぶれようとする重力とつりあっているのが特徴です。楕円銀河は大きいものではわれわれの銀河系の10倍にもおよぶものがありますが、このような巨大な楕円銀河は、銀河団（銀河が何百も集まった集団）の中心付近に位置していることが多いことが知られています。

不規則銀河（口絵㉖）というのは、名前のとおり決まった形をもたない、いろいろな形をした銀河です。その多くは小さくて暗く、また、現在も活発に星をつくっているため、若い星と大量のガスを含んでいます。これらの銀河のなかには、ほかの銀河がそばを通ったため、その重力（潮汐力《ちょうせきりょく》）によって変形したり、2つの銀河が衝突《しょうとつ》したりして形が変形したものも多く見られます。

銀河同士はよくぶつかる⁉

じつは、銀河と銀河の平均の間隔は、銀河の大きさの10倍から100倍程度にすぎず、銀河同士は、想像以上の確率でひんぱんに衝突することがあります。これに対して、銀河のなかの星と星との平均の間隔は、星の大きさの1億倍にもおよぶので、2つの銀河が衝突しても星と星が衝突する確率はゼロに等しいのです。

たとえば、星の大きさをリンゴくらいだとすると、隣の星との距離は1万キロメートル以上（日本の端から端までの距離の5倍！）にもなります。これに対して、銀河の大きさをリンゴくらいとすると、隣の銀河までの距離は、せいぜい1メートル程度にすぎないのです。

最近のハッブル宇宙望遠鏡などの観測で、遠方にいけばいくほど、すなわち昔ほど、不規則銀河が増える傾向があることがわかりました。昔多く存在した不規則銀河が、なぜ現在はそれほど存在しないのでしょうか。また、円盤銀河や楕円銀河といった銀河の形の違いは、どのようにしてできたのでしょうか。これらの疑問に答えるのも、すばるを使った研究目的の1つなのです。

✩天文学者がはまる「銀河の地図づくり」

宇宙には無数の銀河が存在していますが、それらの銀河は、広大な宇宙のなかにどのように分布しているのでしょうか。この疑問に答えるため、銀河の空間分布の観測は、1930年代からおこなわれてきました。その当時、すでに銀河は空間に一様に分布しているのではなく、群れをつくっているのだと考えられはじめていました。

宇宙の大穴「ボイド」が示すもの

たくさんの銀河の空間分布を調べるということは、じつは想像以上に時間のかかる困難な仕事です。なにしろ、ひとつひとつの銀河までの距離を測定しなければならないからです。3000万光年くらいまでの比較的「近く」の銀河に対しては、前に述べた「セファイド型変光星」などを探して距離を見積もる方法を用います。そして、

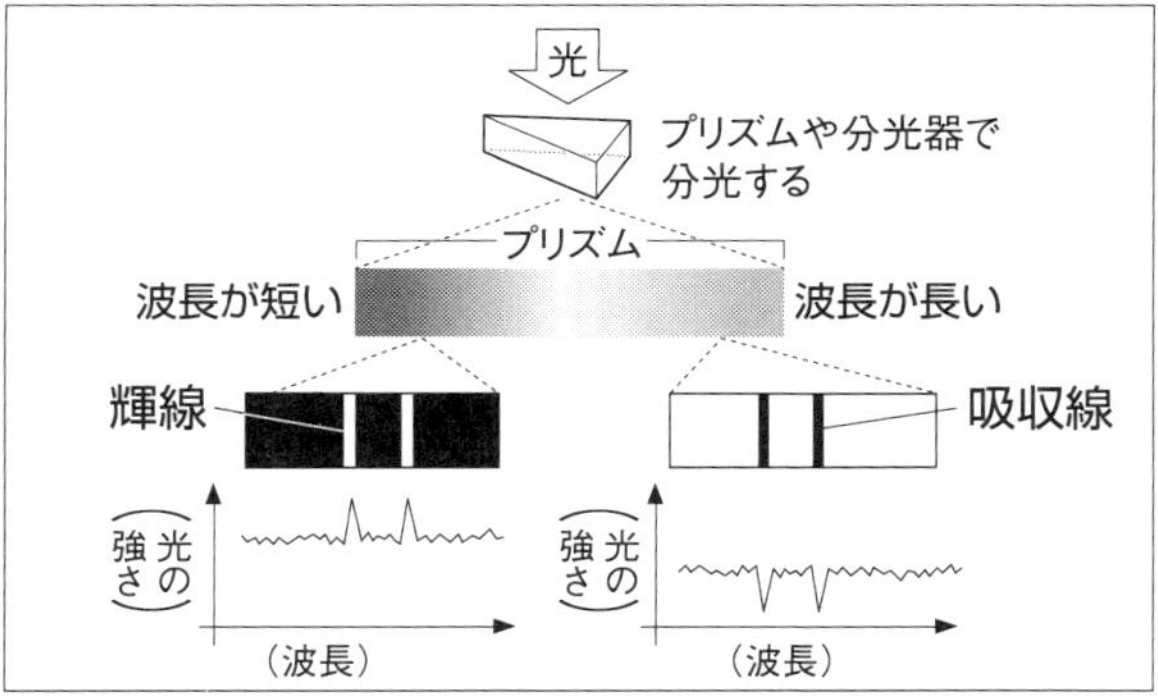

図10　分光と光のスペクトル　分光すると、とくに明るい（強い）波長は輝線、暗い（弱い）波長は吸収線となってその光の特徴がわかる。これを「光のスペクトル」を見るという

より遠方にある暗い銀河に対しては、赤方偏移、すなわち光の波長の「伸び」を測って、ハッブルの宇宙膨張の法則を使って、距離を見積もることができます。

銀河は水素や酸素、カルシウムなどのガスによる、特定の波長の光を放出したり吸収したりしています。その波長がどの程度伸びているかを調べるために、まず銀河からの光をいろいろな波長に分けて（これを「分光」するという。図10）、どんな波長の光がどのくらいやってくるか（これを光の「スペクトル」という）を見る必要があります。ただでさえ暗い銀河からの光を、さらにさまざまな波長の光に分けて観測しないといけないわけですから、このような観測には、光を集めるための大口径の望遠鏡、そして、集めた光を漏《も》らさず測定するための、高感度の観測装置が必要になります。

実際に銀河の空間分布の大規模な観測がはじまったのは、1980年代のことでした。1981年に、アメリカの天文学者カーシュナーたちが、あるいくつかの方向の空に見える銀河の分布を観測してみると、不思議なことがわかってきました。

カーシュナーたちが測定できたもっとも遠くにある銀河までの距離は、約3億光年程度でしたが、うしかい座の方向にある銀河の分布を調べたところ、奥行き2億光年ほどにもわたって、銀河がまったく存在しないように見える領域があることがわかったのです。彼らは、この明るい銀河がほとんど存在していない巨大な領域のことを「銀河の空洞（ボイド）」と名付けました。

カーシュナーたちの観測結果は、どうやら銀河は空間に一様に分布しているのではなく、銀河の存在しているところと存在していないところがあって、銀河の分布は、かなり偏《かたよ》って大きな構造をつくっているらしいことを示していたのです。

銀河系の〝ご近所〟の地図

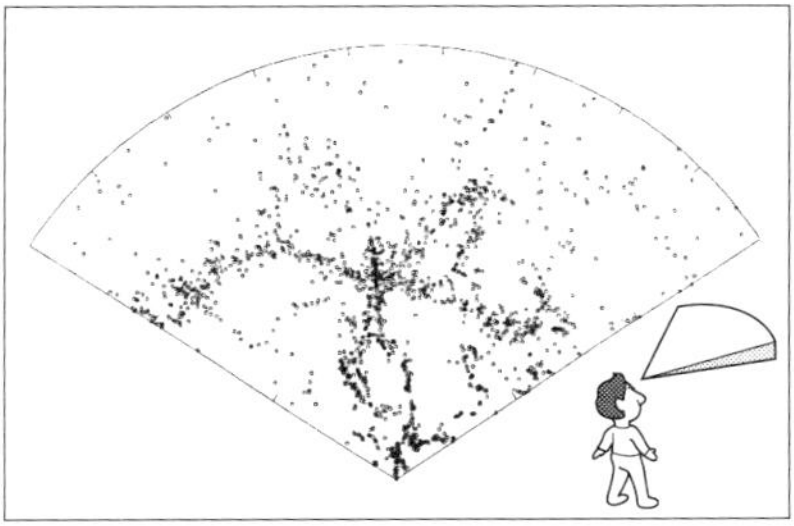

図11　ＣｆＡサーベイによる銀河地図
ひとつひとつの点は銀河を表しており、「ボイド」や「グレートウォール」の様子がわかる

そこで、さらに広い領域にわたる銀河分布の観測が、別のグループの研究者たちによっておこなわれました。わずか十数年前にスタートしたこの観測は、すでに天文学の「古典的研究」の1つにあげられる存在ともいえるのですが、この観測をおこなったハーバード・スミソニアン天体研究所の略称であるＣｆＡの名を冠して、「ＣｆＡサーベイ（探査）」と呼ばれています。

図11は、ＣｆＡサーベイによって明らかにされた、約4億光年程度までの宇宙のなかでの銀河分布を、扇《おうぎ》形に切り出してつくったものです。扇の「軸」の方向は銀河までの距離を表し、「弧」の方向は夜空の「どちらの方向」にあるかを示しています。

このサーベイの結果、銀河がいくつも集まって「銀河団」をつくり、それらの銀河団がまたいくつも集まって「超銀河団」をつくっていること、超銀河団同士がフィラメント状につながっている様子などが明らかになってきました。ボイド、すなわち銀河の空洞もいくつも存在して、ボイドを取り囲むように超銀河団が分布していることもわかってきました。

さらに、3億光年かなたには、幅が1億光年程度で3億光年程度の長さをもった領域に銀河が「板状」に連なって分布していることも発見されました。この、数億光年に広がる銀河の分布は、まさに巨大な「壁」であり、宇宙の「万里の長城（グレートウォール）」と呼ばれています。

しかし、ＣｆＡサーベイによって観測された領域は、われわれの銀河系のまわりの「たかだか」数億光年の領域にすぎないといってよいでしょう。観測可能な130億光年かなたの宇宙に比べると、ごく一部にしかすぎません。一口にいうと、数億光年というのは、まだまだ〝ご近所〟の宇宙にしかすぎないのです。

✪ナットクできない「宇宙原理」の謎

１９９０年代に入って、20億光年から30億光年かなたまでの遠くの銀河のサーベイ（銀河の空間分布や銀河の種類ごとの性質や進化を研究するための観測）がおこなわれました。南米のラス・カンパナス天文台でおこなわれたラス・カンパナス銀河サーベイでは、約25億光年かなたまでの2万数千個の銀河の3次元分布が求められました。

さらに、アメリカと日本のグループで２０００年から本格観測がはじまったスローン・デジタル・スカイ・サーベイ（ＳＤＳＳ）では、５年がかりで約30億光年かなたまで、約1億個の銀河の位置と明るさが測られることになっています。この計画には、日本の天文学者のグループも共同研究者として多数参加しています。ＳＤＳＳは現在も進行中で、すでに数十万個の銀河の空間分布が調べられています。

宇宙は一様・等方といわれても……

これらのサーベイによって、CfAサーベイで発見された銀河分布の大構造は、宇宙の至るところで同じように見られること、しかし、数億光年のスケールで平均すれば、宇宙はとくに銀河が多いとか少ないとかいう特別な場所がどこにもないこと（宇宙の一様性）がわかってきました。後でくわしく述べますが、電波の一種である宇宙《うちゅう》背景輻射《はいけいふくしゃ》の観測から、特別な方向からやってくる輻射だけが強いなどということがない（宇宙の等方性）こともわかっています。

このように、宇宙空間が数億光年という大きなスケールで平均してみれば一様で等方的であることは、現在では、観測事実となっているといってよいでしょう。

この、宇宙の一様性と等方性は、別名、「宇宙原理」として知られています。もともと「宇宙原理」は、宇宙の数学的なモデルをつくるために持ち込まれた仮説であったのですが、いまや、「観測事実」として語ることができるようになったわけです。空間が「一様」かつ「等方」であるというのは、実際、この宇宙のたいへん大きな特徴といえるのです。

空間が「一様」かつ「等方」であるとは、よく考えると、きわめて不思議なことです。何かある特別な理由がなければ、空間の離れた領域は、まったく違った性質をもっていると考えるのが自然です。たとえば、日本とブラジルからやってきた2人は、特別な理由がなければ、背格好も顔も違っているでしょう。ところが、その2人がもし「瓜《うり》ふたつ」だったとしたら、じつは2人は双子だった、という結論になるでしょう。

同じように、空間が「一様」かつ「等方」であるためには、〃なんらかのメカニズム〃が働いたと考えざるをえません。双子の場合、同じ遺伝情報をもって生まれたというメカニズムが働いています。空間の場合にも、やはり情報をやりとりするメカニズムが必要です。ところが、どんなメカニズムも、光の速度を超えて伝わる（情報をやりとりする）ことはできませんから、「一様」かつ「等方」の空間は、光の届く領域という限られた範囲になるはずです。そしてそれは「見える（観測できる）範囲」ともいえますから、その範囲の端を「宇宙の地平線」といいます。「宇宙の地平線」は、前述した「観測できる領域の果て」（58ページ参照）にあたるものです。

「宇宙の地平線」問題というミステリー

さて、宇宙の初めのある時期tになんらかのメカニズムが働いて、「一様」かつ「等方」の空間Aができました。Aの範囲は、宇宙がはじまってからtまでのあいだに光の伝わる範囲（たとえば10センチメートル）となります。

空間Aは、宇宙の膨張によって大きくなっていって、現在ある大きさ（たとえば1光年）の空間A′になっています。A′の範囲内では空間が「一様」かつ「等方」になっているのは当然です。同様にして、宇宙には異なる性質をもつ空間B′やC′が存在することも予想されます。空間が異なれば「一様」かつ「等方」がなりたつ保証はありません。日本人とブラジル人が背格好や顔が違うのと同様に、違うメカニズムが働くほうがむしろ自然でしょう。

ここで、宇宙の膨張の仕方を押さえておきましょう。宇宙が膨張していることは次章でくわしく述べますので、ここでは簡単な類推《るいすい》で話をすることにします。

ボールを投げることを考えてみてください。ボールの速度は地球の重力にひっぱられるので、だんだん遅くなります。これと同じで宇宙膨張の速さも、もしほかに加速する要因がなければ、宇宙のなかに含まれる物質の重力でボールの運動に似た減速を

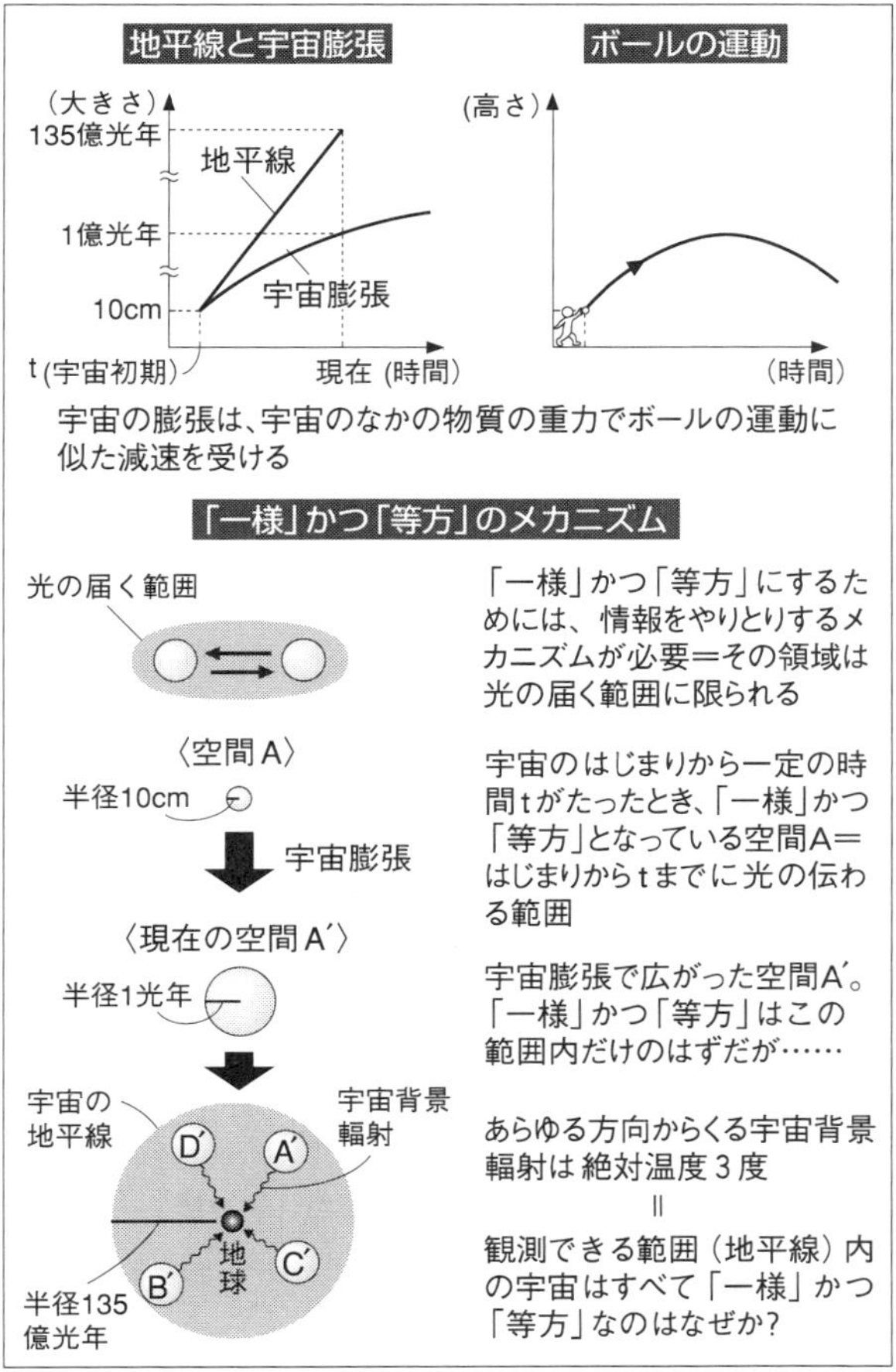
地平線と宇宙膨張
（大きさ）
135億光年
地平線
1億光年
宇宙膨張
10cm
t（宇宙初期）
現在（時間）
ボールの運動
（高さ）
（時間）
宇宙の膨張は、宇宙のなかの物質の重力でボールの運動に似た減速を受ける
「一様」かつ「等方」のメカニズム
光の届く範囲
「一様」かつ「等方」にするためには、情報をやりとりするメカニズムが必要＝その領域は光の届く範囲に限られる
〈空間A〉
半径10cm
宇宙膨張
宇宙のはじまりから一定の時間tがたったとき、「一様」かつ「等方」となっている空間A＝はじまりからtまでに光の伝わる範囲
〈現在の空間A′〉
半径1光年
宇宙膨張で広がった空間A′。「一様」かつ「等方」はこの範囲内だけのはずだが……
宇宙の地平線
宇宙背景輻射
D′
A′
B′
C′
地球
半径135億光年
あらゆる方向からくる宇宙背景輻射は絶対温度３度
＝
観測できる範囲（地平線）内の宇宙はすべて「一様」かつ「等方」なのはなぜか？

図12　「宇宙の地平線」問題

受ける（減速膨張）のが自然です。対して地平線、つまり観測できる領域は、つねに、この世でいちばん速い光の速度で広がってゆきます。現在、宇宙の地平線は空間A′の大きさをはるかに超えて（135億光年）広がっています。

ところが、宇宙背景輻射などの観測結果は、宇宙はすべて「一様」かつ「等方」であることを示しているのです。当然、そのなかにある空間A′、B′、C′も同じ性質です。A′とB′だけなら偶然という話もありえますが、C′でもD′でも、とにかく異なる性質を示す空間はない、というのが観測事実なのです。なぜ、この宇宙全体が「一様」かつ「等方」なのでしょうか？　これが「宇宙の地平線」問題というものです（図12）。

ビッグバン理論は、この「地平線」問題のほかに「平坦性」問題「モノポール」問題という3つの謎を抱えた理論でした。本書では地平線問題だけの説明になりますが、興味のある方はあとの2つの謎を調べてみると宇宙の面白さがわかると思います。

1981年頃、この3つの謎を解決する有力な理論が現れました。それが「インフレーション理論」です。宇宙のこの謎を解いた「インフレーション理論」は次章で説明しましょう。

第2章
ついにわかった宇宙の誕生
(130億〜135億年前)

135億年前に宇宙はビッグバンではじまり、現在まで膨張をつづけています。ビッグバンが本当の宇宙のはじまりではなく、その前にインフレーション膨張と呼ばれる急激な膨張をした時期があったとも考えられています。さらに宇宙はいくつもあって、インフレーション膨張を起こした宇宙だけが生き残ったのかもしれません。われわれの宇宙も、そのような宇宙の1つかもしれないのです。

宇宙の初期は超高エネルギーの光が充満していて、物質はその光のなかで素粒子に分解されていました。それが膨張によってどんどん温度が下がり、光のエネルギーが失われてゆくと素粒子は結びついて原子核をつくり、さらに温度が下がると水素原子やヘリウム原子などをつくります。こうして、宇宙の主人公は光から物質へと変わってゆくのです。

✺はじまりの大爆発「ビッグバン」

宇宙はいつどのようにしてはじまったのか。この疑問は人類の究極の謎といえます。残念ながら、この謎は現在でも解かれていません。しかし、われわれは、宇宙のはじまりを理解するカギを手にしてはいるのです。それは、「現在の宇宙が膨張《ぼうちょう》している」ということです。すでに述べたように、宇宙の膨張は、１９２０年代の後半にエドウィン・ハッブル（図13）によって発見されました。

レーズンパンでわかる宇宙膨張

ハッブルは遠くの銀河が、その距離に比例した速さでわれわれから遠ざかっているという、いわゆる「ハッブルの法則」を発見したわけですが、このことは一見、われわれの銀河系が宇宙の中心で、ほかの銀河がすべてわれわれの銀河系から飛び出したものであるような印象を受けます。われわれが、何か爆発しているものの中心にあるのでない限り、「すべての銀河が、われわれから遠ざかっている」という現象は、なかなか理解しにくいからです。しかし、じつは、そうではありません。地動説をとなえたコペルニクス以来、自分たちが宇宙の特別な場所（たとえば爆発の中心）にいるという考え方はたいへんあやういものだと考えられています。

一方、ハッブルの法則を説明できる、もう1つの考え方があります。宇宙が、あらゆる場所において、一様に膨張しつつあるとしたらどうでしょう。この場合にも、われわれから見ると、すべてのものが遠ざかってゆくように見えるはずです。しかも、まさにハッブルの法則が示すとおり、「遠くのものほど、速く遠ざかってゆく」ように見えるはずです。また、もし遠くの銀河に宇宙人がいて、ほかの銀河を観測したとしたら、やはり、すべての銀河がその距離に比例した速さで遠ざかっていることを発見することになるでしょう。

図13　エドウィン・ハッブル

ハッブルの法則は、銀河は宇宙の空間にとまっていて、その「空間」自体が膨張していると考えればわかりやすいでしょう。よくたとえられる例は、「オーブンのなかでふくれているレーズンパン」です。パン生地がふくらむにつれて、そのなかにあるレーズン同士はどんどん離れてゆきますね。パン生地が宇宙の空間で、そのなかのレーズンが銀河だと思えばよいのです。

135億年前、宇宙は「点」だった

宇宙が静的な（とまったままの）ものではなく、絶えず姿を変えてゆく動的なものであり、しかも、膨張しつつあるということは、いろいろな点で、非常に革命的な考えをもたらします。たとえば、宇宙が膨張しているということは、時間をさかのぼってもとをたどれば、いつかある時点で「宇宙にはじまりがあった」のではないか、と考えられるからです。

ハッブルの法則を過去に向かって適用してみます。宇宙は膨張してきたわけですから、逆に過去へさかのぼっていけば、銀河同士の間隔はどんどん小さくなってゆきます。そして、ある時点で、すべての銀河同士が重なりあってしまうことになります。

もっとも、その頃にはまだ「銀河」はできていないかもしれません。実際には、過去をさかのぼると銀河をつくるもとになった物質の密度がどんどん高くなって、ついにある時点で、すべての物質がぎゅっと一点にまで縮まってしまうことが起こるでしょう。これが、われわれが現在観測しているこの宇宙の「はじまり」といえます。

いったい、どのくらい過去にさかのぼれば、宇宙の「はじまり」に行き着くのでしょうか。そのためには、現在の宇宙あるいは過去の宇宙において、空間がどのように膨張しているのか、その様子をくわしく、正確に調べる必要があります。

空間がどのように膨張しているかを調べるためには、遠くの銀河までの距離と、その遠ざかってゆく速度を、正確に決めなければなりません。現代の観測によると、約135億年前に宇宙はある一点に収縮した、つまり宇宙における物質の密度が、無限大になったと考えられています。

宇宙がずっと小さい頃を考えると、密度が高くなるばかりではなく、その温度も、過去にいけばいくほど高くなってゆきます。こうして、宇宙は非常に高温、高密度の状態から大爆発（ビッグバン）的な膨張ではじまり、現在も膨張をつづけているというイメージが生まれてきました。これがみなさんも耳にしたことがある「ビッグバン宇宙論」です。

重力が宇宙の運命を握る⁉

宇宙全体の膨張の様子を支配するのは、「重力」と呼ばれる力です。宇宙がいつはじまったのか、そして、宇宙の将来がどのようになるかを知るためには、じつはくわしい「重力の理論」が必要です。そこでまず、重力とはいったいどういう力なのか、また、重力の理論とはいったいどんなものかを説明することにしましょう。

「4つの力」は基本の力

重力はわれわれのもっとも身近な力です。大気が地球のまわりを取りまいているのも、月が地球のまわりを回っているのも、じつは地球の重力のおかげです。ボールを上に向かって強く放り投げても、いずれ落っこちてきます。これも地球の重力のせいですね。

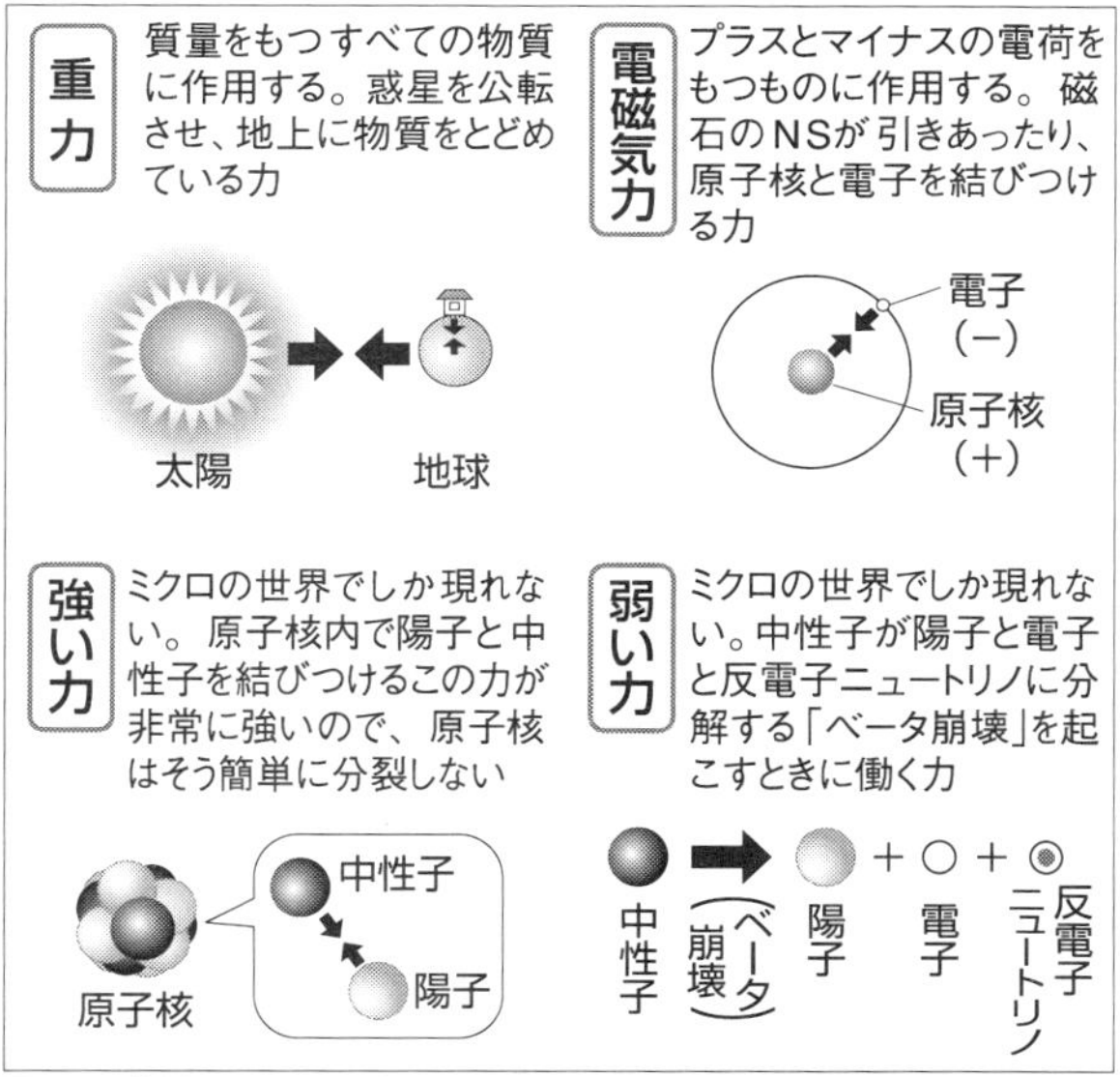

重力
質量をもつすべての物質に作用する。惑星を公転させ、地上に物質をとどめている力
太陽
地球
電磁気力
プラスとマイナスの電荷をもつものに作用する。磁石のNSが引きあったり、原子核と電子を結びつける力
電子（−）
原子核（＋）
強い力
ミクロの世界でしか現れない。原子核内で陽子と中性子を結びつけるこの力が非常に強いので、原子核はそう簡単に分裂しない
原子核
中性子
陽子
弱い力
ミクロの世界でしか現れない。中性子が陽子と電子と反電子ニュートリノに分解する「ベータ崩壊」を起こすときに働く力
中性子
（ベータ崩壊）
陽子
電子
反電子ニュートリノ

図14　自然界の4つの力

日頃われわれが想像する重力は、このように一見、非常に強い力のように見えます。ところが、重力は、自然界で働いている力のなかで、じつは圧倒的に弱い力なのです。

自然界には、物質に作用する力として重力のほかに「電磁気力」「強い力」「弱い力」の計4種類の力（図14）があることがわかっています。ここでいう「力」とは、物と物のあいだにエネルギーのやりとりをともなって働く「相互作用」のことです。日常では筋力やバネの力も「力」といいますが、これらは「基本的な力」ではありません。すべての力の源をたどってゆくと最後はこの4つの力に行き着きますし、逆にいうと、この4つの力でほかの力はすべて説明できるのです。

電磁気力は、プラスの電荷《でんか》とマイナスの電荷が引きあったり、プラス同士、マイナス同士の電荷が反発しあう電気的な力や、磁石《じしゃく》の力です。物質は原子からできていますが、原子は中心にプラスの電荷をもった原子核をもち、そのまわりを、マイナスの電荷をもった電子が回っています。プラスの原子核とマイナスの電子が電気の力（電磁気力）で結びついているのが、原子です。

原子核は、プラス電荷の陽子と、電荷をもたない中性の中性子からできています。プラスと中性では電気の力が働かないのに、なぜ原子核のなかで、陽子と中性子は結びついているのでしょうか？　そこには、別の力が働いているはずです。

原子のなかで、核子《かくし》、すなわち陽子や中性子を結びつけているのが、「強い力」と呼ばれる力です。また、中性子が陽子に変化することがあるのですが、このときに働いている力は「弱い力」といわれる、これまた別の種類の力です。

これら4種類の力は、その強さや力のおよぶ範囲などが異なります。そこで、ある一定の距離という条件下でこの4つの力を比較すると、強い力→電磁気力→弱い力→重力の順に弱くなり、重力は、じつは「もっとも弱い力」なのです。

重い星の重力は時空を変化させる

では、なぜそんなに弱い力である重力が日常生活で強く感じられるのでしょうか。それは、重力の性質を知れば理解できます。

ほかの力は、ある特別の性質をもった物質にしか働かない（たとえば、電磁気力は電荷をもった粒子にしか働かない）のですが、重力は質量をもつどんな物体のあいだにも働き、しかも必ず「引力」、つまり引きつける力として働きます。引力の強さは、それぞれの質量（重さ）が大きくなるほど強くなり、おたがいに遠ざかるほどだんだん弱くなりますが届かなくなるということがありません。重力は、無限の距離まで届くのです。これが、17世紀に、ニュートン（図15左）が発見した重力の法則です。われわれが日常生活で重力を強く感じるのは、地球の質量が非常に大きいからなのです。

ところが、じつは、ニュートンの重力の法則は、より正確な理論の一部を表すもの

図15　ニュートン（左）とアインシュタイン

にすぎません。もっともっと重力が強い状況、たとえば太陽くらいの重さがあるのに半径がたったの10キロメートルしかない星の重力を扱う理論は、1915年にドイツの物理学者アインシュタイン（図15右）によって提案されました。

彼のこの理論「一般相対性理論」の特徴は、重力を物体と物体のあいだに働く力としてとらえるのではなく、物体がまわりの空間や時間を変化させ、その変化した空間と時間のなかをほかの物体が運動すると考えることです。

「時間や空間の変化」を具体的にいうと、物体のまわりでは時間の進みは遅れ、空間は物体に引きずられるように曲がります。物体の質量が大きければ大きいほど、この変化は大きくなります。

空間が曲がるというのは、ゴム膜《まく》にビー玉を置いたときゴム膜がへこむことをイメージすればよいでしょう（この場合、ゴム膜が空間。125ページ図22参照）。この空間が曲がった極限状態が、「ブラックホール」と呼ばれる天体です。

たとえば、半径が70万キロメートルもある太陽を、質量をそのままにして、半径を約3キロメートルにギューッと縮めると、ブラックホールになります。ブラックホールに近づくとどんどん強い重力で引きよせられ、その表面では外に向けて出した光でさえ引き戻されてしまいます。

銀河の中心には、太陽の100万倍以上の質量をもつブラックホールがあると考えられています。ブラックホールそのものからは光は出てきませんが、そのまわりの物体がブラックホールに落ち込むとき非常に圧縮されて、摩擦《まさつ》熱によって高温度、高密度になってX線やガンマ線を放出するので、その存在を知ることができます。

アインシュタインの奇妙な失敗

アインシュタインは、一般相対性理論を用いて、なんとこの宇宙全体を説明しようとしました。まず初めに彼は、宇宙は全体としては無限の過去から無限の未来まで、膨張も収縮もせず（静的）、しかも、空間には「特別の場所」がなく（一様）、「特別の向き」もない（等方的）と考えました。これを「完全宇宙原理」といいます。

天才物理学者の好きな宇宙モデル

完全宇宙原理を仮定して、アインシュタインは、宇宙のモデルをつくりました。宇宙のモデルを正確にイメージすることはなかなか難しいのですが、「縦・横・高さ」の空間3次元を1つ減らして、空間があたかも「縦・横」、つまり2次元の「面」であると考えると、もっともらしいイメージが描き出せます。

この場合、アインシュタインの静的な宇宙モデルは、半径が一定である球の表面を考えればよいことになります。

なんにも模様のない真っ白なボールを考えて、その上に立っているところを想像してください。その球面上には、「はじまりの点」も「終わりの点」「すみ」もありません。また、どの場所で、どっちの方向を向いても、同じ景色ですね。つまり、この球面状には特別の点も、方向もありません。これが、一様性と等方性がなりたっているということです。そして、この場合には「空間」――この仮想上の球面の面積は有限なのですが――のどこにも端《はし》（果て）がないのが特徴です。

もし、宇宙が静的で、しかも物質が何もつまっていなければ、その空間は「平坦」になります。空間が平坦といわれてもピンときませんが、前述と同じように空間を2次元の面とみなす場合、「平面」をイメージすればよいことになります。

ところが、われわれの宇宙には物質がつまっています（銀河もありますし、ダークマターもあります）から、どうなるかというと、重力の働きによって、「平坦」にならずに曲がってしまうのです。すると、「平面」ではなく、先に述べたような「球面」になってしまいます。

ただし、物質の重力でひっぱりあうだけでは、空間は、いつまでも曲がりつづけて、静的にとどまることができません。深い井戸の底へ物を落とすとどこまでも落ちてゆくように、宇宙はどんどん縮んでいってしまいます。

前言撤回、また撤回？

そこで、アインシュタインは、宇宙をつぶそうとする重力を打ち消す反発力（エネルギー）でもってふくらませて、ある有限の大きさの静的な宇宙をつくろうとしました。この反発力を、アインシュタインの「宇宙定数」といいます。

空間が無限になると、重力も宇宙定数も無限に大きくなって、うまくつりあわせることができないので、必然的に有限の大きさの宇宙ができあがります。この宇宙のことを「アインシュタイン宇宙」モデルと呼んでいます。

しかし、後になって、アインシュタインが苦労してつくったアインシュタイン宇宙は一瞬しか静止していることができず、すぐに膨張するか縮んでしまうことがわかりました。アインシュタインの静的な宇宙のモデルづくりは、じつは失敗に終わってしまったのです。

ところが、事実は小説より奇なり、といいますが、すでに述べたように、エドウィン・ハッブルらの観測から、宇宙は静的ではなく「膨張している」らしいことがわかってきたのです。これで、苦労して、静的な宇宙モデルを無理につくる必要がなくなりました。

宇宙定数があってもなくても宇宙は膨張しますが、宇宙定数がある場合とない場合では、膨張の様子が違ってきます。宇宙定数があると、反発力などが強くなるため宇宙の膨張の速度が速くなるはずですが（加速度膨張。宇宙定数がない場合は減速膨張になるが、宇宙定数があると時間がたつにつれて加速度膨張になっていく）、アインシュタインは「自然は単純であるべき」として宇宙定数を撤回しました。

またまた、ところが、なのですが、現在の観測では、この宇宙定数が存在するのではないかと考えられています。これは、ハッブル宇宙望遠鏡や地上の大望遠鏡による数十億年前の超新星の観測によってわかってきました。それらの観測結果は、宇宙の膨張が「宇宙定数がない場合に比べて、ずっと速い」ことを示しています。

宇宙はどうやら「平坦」らしい

さらに、静的であることを求めなければ、空間は有限である必要がないこともわかってきました。

空間が「一様かつ等方的である」こと（宇宙原理）から、空間の種類は、大きく3種類しかないことがわかります。それは、「閉じた空間」「開いた空間」「平坦な空間」と呼ばれるものです（図16）。もう一度、空間を2次元の面とみなすと、この3種類の空間は、それぞれ「球面」「双曲面《そうきょく》」「平面」ということになります。双曲面とは聞き慣れない言葉だと思いますが、ちょうど馬の背に乗せる「鞍《くら》」のような形の平面を思い浮かべてください（正確には、双曲面は2次元の場合にも描くことはできないので、あくまでもイメージだけです）。「閉じた空間」は、必ず有限（体積に限りがある＝どこまでもつづいているわけではない）ですが、「開いた空間」「平坦な空間」は、無限に広がっていることになります。

現代の宇宙論の目的の1つは、宇宙全体での空間の「曲がり方（曲率《きょくりつ》）」、あるいは空間の種類を決めることです。それには、宇宙のなかに、どれだけの物質と「宇宙定数」がつまっているかを決めればよいのです。

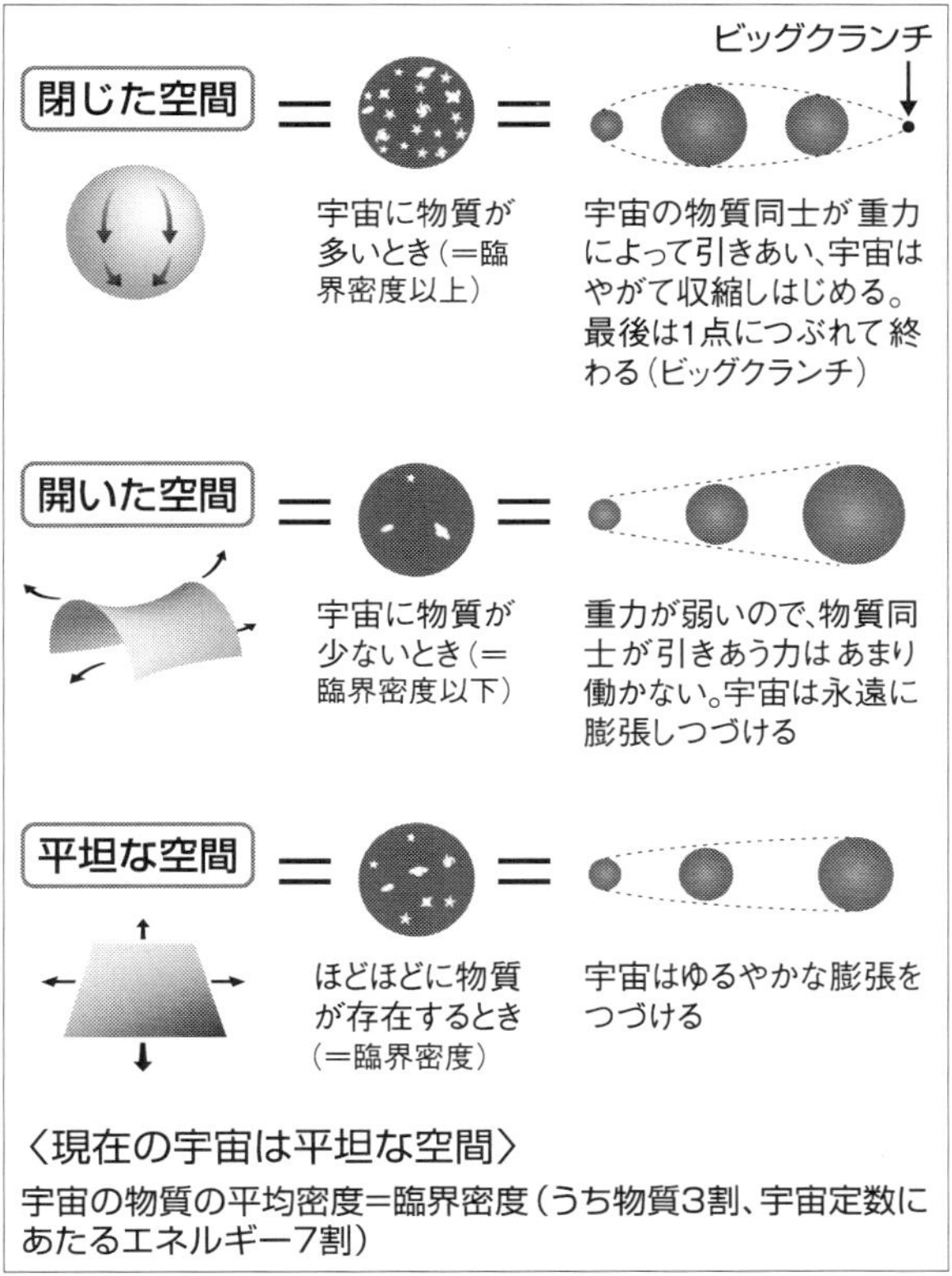
ビッグクランチ
閉じた空間
宇宙に物質が多いとき（＝臨界密度以上）
宇宙の物質同士が重力によって引きあい、宇宙はやがて収縮しはじめる。最後は1点につぶれて終わる（ビッグクランチ）
開いた空間
宇宙に物質が少ないとき（＝臨界密度以下）
重力が弱いので、物質同士が引きあう力はあまり働かない。宇宙は永遠に膨張しつづける
平坦な空間
ほどほどに物質が存在するとき（＝臨界密度）
宇宙はゆるやかな膨張をつづける
〈現在の宇宙は平坦な空間〉
宇宙の物質の平均密度＝臨界密度（うち物質3割、宇宙定数にあたるエネルギー7割）

図16　宇宙の3つのモデル

物質がどれだけつまっているかというのはなんとなくわかりますが、「宇宙定数がつまっている」というのはおかしな言い方ですね。もちろん、宇宙定数というものを、直接手にとって（あるいは望遠鏡で見て）観測することはできません。この場合には、宇宙定数に相当するエネルギーが宇宙にどれくらい存在するかを調べることです。しかしこれは難しいので、遠い宇宙の銀河から届く光がどんなふうに曲げられているのか、あるいは、宇宙はどんなふうに膨張しているのかを調べることによって、宇宙にどれだけの宇宙定数、あるいはそれに相当するエネルギーが満ちているのかを求めることができるのです。

さて、物質（バリオンとダークマター）と宇宙定数（に対応するエネルギー）を足したものが、ちょうどある値《あたい》（臨界密度）のとき、空間は「平坦」になり、それ以上のときは「閉じた空間」、それ以下のときは「開いた空間」になることがわかっています。

物質とエネルギーを「足す」というのも変な言い方ですが、アインシュタインの一般相対性理論のもとになっている「等価原理」という原理によると、「質量＝エネルギー」ですから、質量をもつ物質の量と、エネルギーの量は、「合わせて、いくら」

というように考えられます。

そこで、宇宙のなかの物質と宇宙定数の割合を決める努力が、何十年にもわたってなされてきました。現在の観測では、物質とエネルギーを合わせた宇宙の平均密度は、ちょうど臨界密度に等しく、したがって空間は「無限に広がっていて」、しかも「平坦」であるらしいことがわかってきており、そして、臨界密度のうち、物質が占める割合が約3割で、残りの7割は「宇宙定数」に相当するエネルギーが占めると考えられています。

これは、現在の天文学の知識として、かなり確からしいといってよいことなので、本書では、まさに宇宙がこのようなものである場合を基本に、話を進めています。このとき、現在までの宇宙年齢は約135億年（WMAP衛星による最新結果では137億年。116ページ参照）となり、現在の宇宙の膨張速度は、宇宙定数による反発力のために、今後どんどん速くなってゆき、宇宙は永遠に膨張をつづけることになります。

❂想像を絶する〝火の玉〟宇宙

1965年、現代宇宙論にとって決定的に重要な発見がありました。宇宙の初めから存在していた「光」が発見されたのです。発見したのは、アメリカのベル研究所のペンジアスとウィルソンでした。

宇宙はただいま「絶対温度3度」

ペンジアスとウィルソンは、衛星通信の研究の途中、本来の研究の目的ではなかった、波長1ミリメートル程度の電磁波（マイクロ波と呼ばれる。ちなみに、電波は波長が1センチメートル以上の電磁波、可視光は波長が数千分の1ミリメートル程度。図17）を発見したのです。

このマイクロ波は、24時間絶え間なく、しかも空のあらゆる方向から同じ強さでや

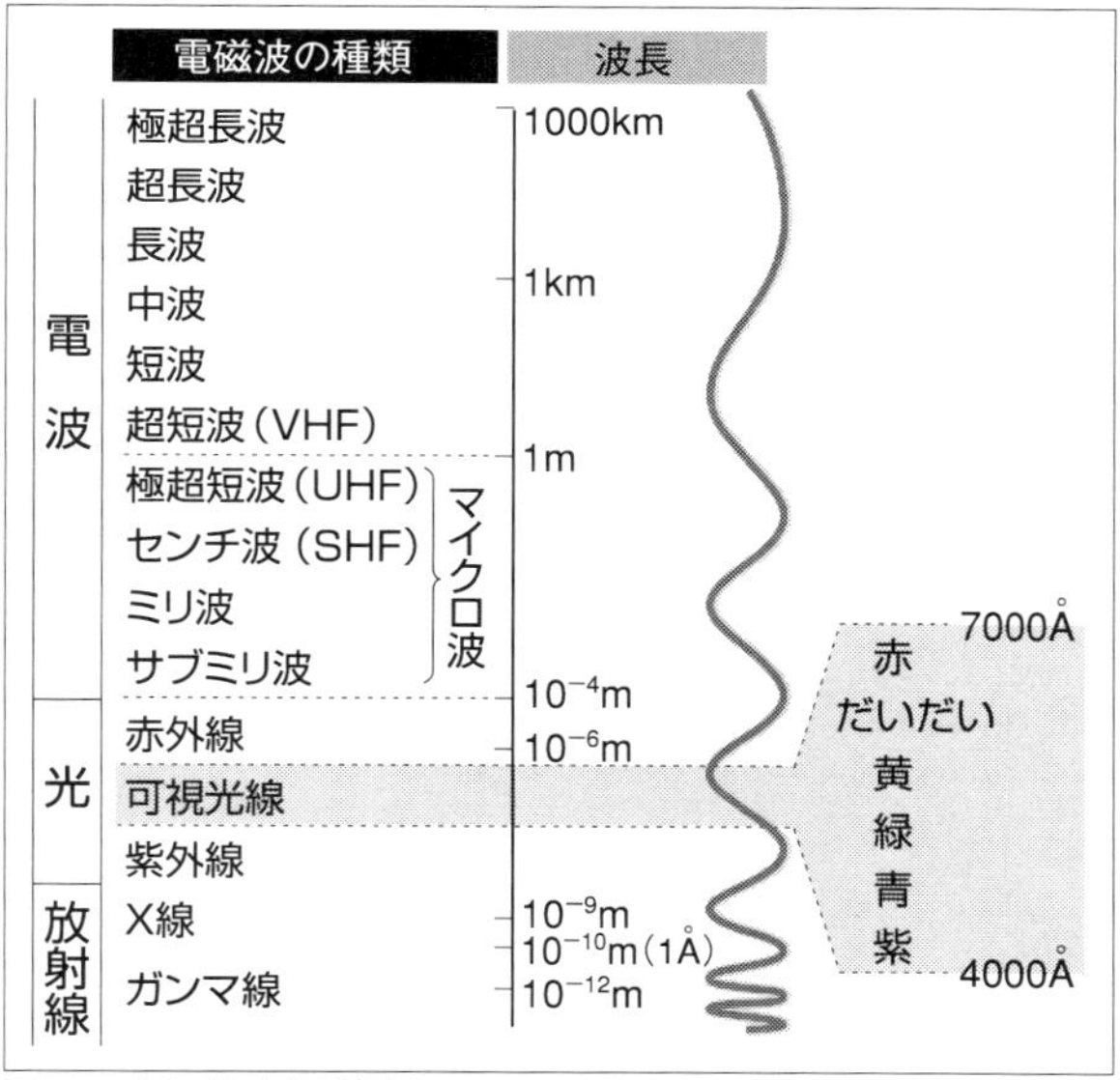

図17　さまざまな電磁波

ってくるので、地球上の電波ではなく、宇宙にくまなく満ちている電波らしいことは想像できたのですが、彼らは、それがいったい何なのかさっぱりわかりませんでした。

　ところが、そのような宇宙からの電磁波が発見されるはずだ、という予言は、1940年代にすでになされていたのです。当時のソ連からアメリカに亡命した物理学者ガモフは、核爆弾実験の火の玉を見て、宇宙が超高温、超高密度の火の玉から爆発的にはじまったという「ビッグバン」理論の発想を得ました。そして、その火の玉の名残《なごり》の光が、現在も残っているはずだという予言をしていたのです。

この宇宙の最初の光の名残を、「宇宙背景輻射《うちゅうはいけいふくしゃ》」(正確には宇宙マイクロ波背景輻射)といいます。輻射とは、電磁波をいい換えた言葉です。これは、宇宙のなかをあらゆる方向に飛び交っているので、当然、地球にもあらゆる方向からやってくるように見えるのです。そして、どの方向からやってくる輻射もほとんど同じ強さなのです。宇宙背景輻射はあらゆる方向から同じ強さでやってくるということは、先に述べた「宇宙原理」のなかの「宇宙の等方性」を示すものです(70ページ参照)。

宇宙の膨張と、宇宙背景輻射の発見から、宇宙の初期が現在の宇宙とは似ても似つかないものであることがわかってきます。

そのために、まず光のもっているエネルギー(温度)について説明しましょう。たとえば冬の寒い日、焚《た》き火《び》にあたると、とても温かく感じます。それは、焚き火からエネルギーをもった光が出て、それが肌《はだ》にあたるためなのです。焚き火の温度が高くなればなるほど、出てくる光のエネルギーが大きくなって、熱く感じます。こんなふうに、光のエネルギーは温度と対応させることができます。

さて、注意深く観察すると、焚き火の温度が高くなるにつれて、焚き火の色が赤から黄色へと変わってゆくのがわかるでしょう。それは、温度が高くなるにつれて、波長の短い（振動数が高い＝1秒間に振動する回数が多い）光が放出されるからなのです。

ここで、宇宙背景輻射の話に戻ります。ペンジアスとウィルソンの発見した宇宙背景輻射は、光の温度に換算すると、絶対温度約3度（正確には2・7度＝摂氏《せっし》マイナス270度。絶対温度は摂氏マイナス273・15度を0度とする温度）というものでした。これは絶対温度3度の物体から放出される電磁波に相当するのですが、宇宙背景輻射の場合、宇宙のどこかに絶対温度3度の天体があって、電磁波を出しているわけではありません。もしそうなら、その天体がある方向からだけ輻射がやってくるはずですが、宇宙背景輻射は、空のあらゆる方向からやってくるからです。この輻射は宇宙の初めから存在して、宇宙全体を満たしており（宇宙のなかをあらゆる方向に電磁波が飛び交っている）、その温度が、絶対温度3度なのです。天文学者は、この宇宙背景輻射の温度のことを、「宇宙の温度」と呼んでいます。

よく「暗く冷たい宇宙」などという言い方をしますが、この「冷たい」の部分は、まさに宇宙の温度、つまり宇宙背景輻射の温度が絶対温度3度、あるいは摂氏マイナス270度であることを意味しています。高温の焚き火のなかに芋《いも》を入れると、やがて熱せられて焼き芋となるように、宇宙空間に物を置くと、宇宙の温度と同じくらいまで冷えてしまうでしょう。それでは、なぜ、われわれの地球はこんなに暖かいのか？　それはもちろん、太陽の光によって、つねに暖められているからです。そして、その熱を逃がさない大気のベールをまとっているからなのです。

輻射《ふくしゃ》が伝える熱い熱い宇宙の過去

宇宙背景輻射の温度が現在3度なら、過去はどうだったのでしょうか。それを知るには、宇宙を満たして飛び交っている電磁波の波長が、宇宙の膨張によって、どのように変わるかがわかればよいのです。宇宙の膨張とは、空間がふくれてゆくことなので、それにつれて電磁波の波長も伸びて長くなってゆきます。これを逆にたどる、つまり過去にゆけばゆくほど、宇宙背景輻射の波長は短くなり、そのエネルギー（＝温度）は高かったということになります。

いま、十分に離れた2つの銀河を考えてみましょう。そのあいだの距離が、（宇宙の膨張をさかのぼって）現在の大きさの半分だった頃を考えます。これは、空間が半

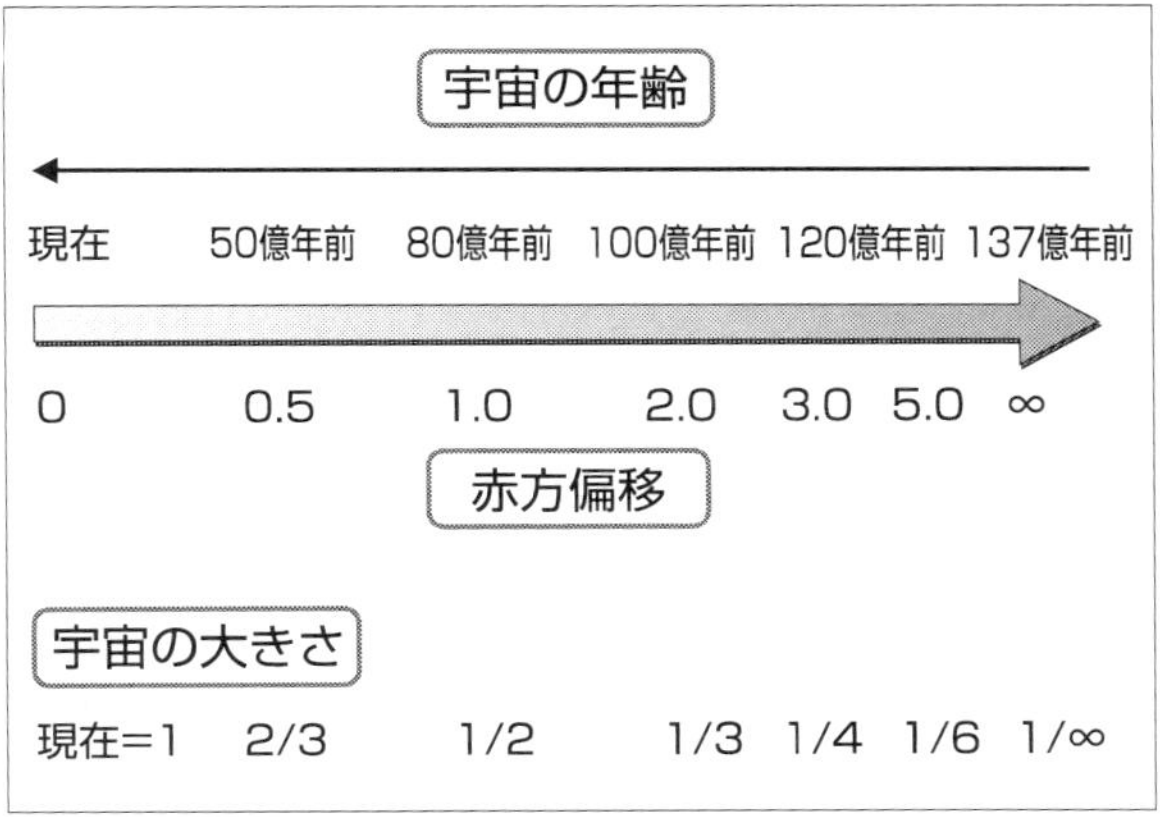

図18　赤方偏移と宇宙の年齢・大きさ

分の大きさだったということに相当します。このとき、宇宙背景輻射の光の波長も現在の半分、約0・5ミリメートルになり、そのエネルギーは現在の2倍になるでしょう。現在から見ると、このときの「赤《せき》方偏移《ほうへんい》」が1、ということになります。

「赤方偏移」というのは、ある時期に出た光が、宇宙の膨張によって、現在で観測したときにどのくらい波長が伸びているか（赤くなっているか）を表しているものでした（50ページ参照）が、ここでは、さらにきっちりと、光の波長の伸びと対応させることにしましょう。天文学者は現在ある光の波長がもとの波長の何倍に伸びているかという倍率を「赤方偏移の値に1を足したもの」として表します。波長が2倍に伸びたとしたら、その赤方偏移は1で、波長が10倍に伸びたとしたら、その赤方偏移は9となります。

そして、「赤方偏移＋1」は、ちょうど、現在の宇宙の空間がその当時の何倍の大きさに膨張したのか、ということにも相当するのです。図18は、赤方偏移と宇宙の大きさ、そして、宇宙の年齢との関係を表しています。

たとえば、宇宙の大きさが現在の100分の1の頃、赤方偏移は99で、宇宙背景輻射の波長は現在観測される値（ペンジアスとウィルソンが発見した値）の100分の1、そして、その電磁波のエネルギーは現在の100倍にあたります。現在の宇宙背景輻射の波長は約1ミリメートル程度で、これをエネルギー、すなわち温度に換算すると、絶対温度3度に相当しました。すると、赤方偏移が99のときには、宇宙背景輻射の温度は300度ということになります。

このように、宇宙の過去にさかのぼればさかのぼるほど、宇宙背景輻射の温度（エネルギー）は高くなってゆきます。

原子核すら壊れる灼熱《しゃくねつ》の世界

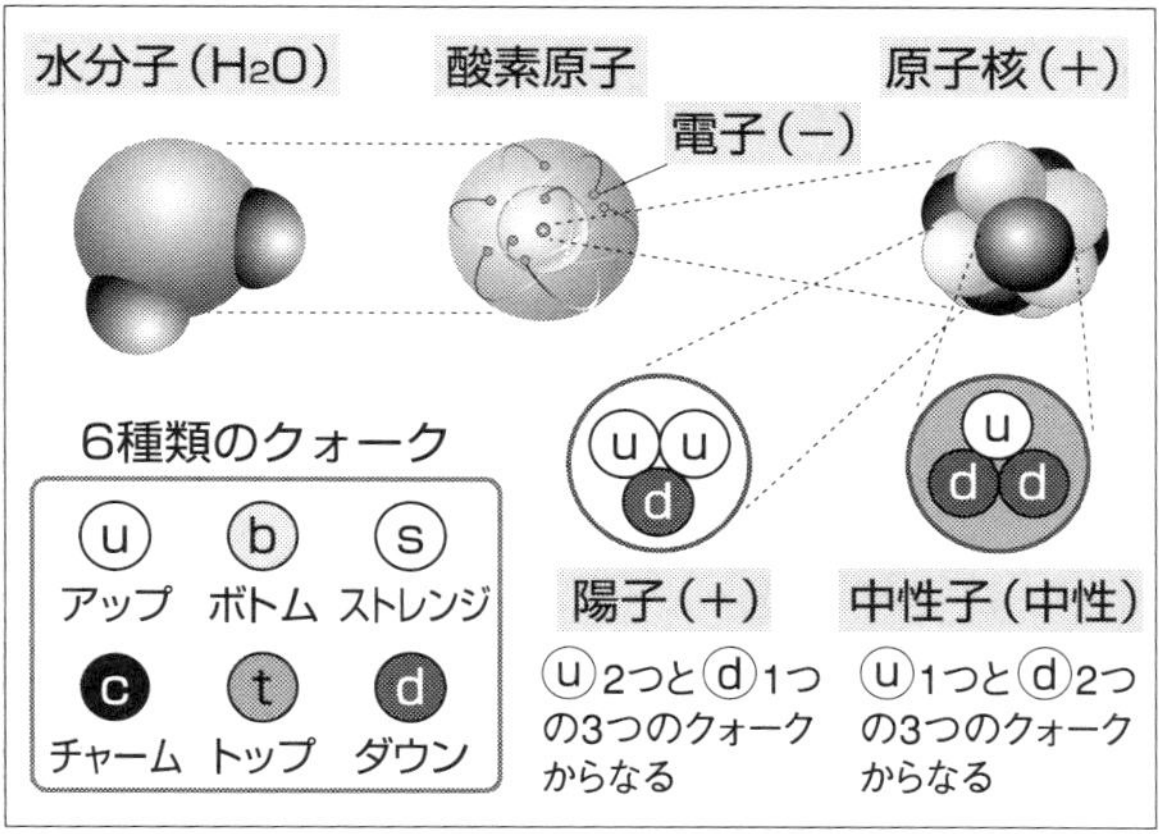

図19　6種類のクォーク

宇宙の初めは、宇宙背景輻射の温度（エネルギー）が非常に高いため、物質は現在われわれが見る原子や分子といった姿とまったく違っていました。

分子は原子と原子が結合したものです。原子は、プラスの電荷をもった原子核のまわりをマイナスの電荷をもった電子が回っているという構造をしており、その原子核は、プラスの電荷をもった陽子と中性の中性子が、「強い力」と呼ばれる力で結びついています。普通の状態の原子を考えると、その陽子の数と電子の数は同じになっていて、原子は全体として、電気的には中性になっています。

さらに分解してゆくと、陽子と中性子

は、クォークと呼ばれる粒子からできていると考えられています（図19）。クォークには「アップ」「ダウン」「ストレンジ」「チャーム」「トップ」「ボトム」の6種類があり、たとえば陽子はアップクォーク2つ、ダウンクォーク1つからできています。

宇宙初期の温度が約3000度、赤方偏移が1100くらいの昔には、宇宙背景輻射の光のエネルギーも大きく、これが原子にぶつかると、そのなかの電子を跳ね飛ばして、原子は原子核と電子とにバラバラになります。これを「電離《でんり》」といいます。

原子核内の核子（陽子と中性子のこと）同士を結びつけている「強い力」は、原子核と電子を結びつけている電磁気力よりも格段に強いのですが、さらに、宇宙の温度が100億度くらいだった時代までさかのぼると、とうとう原子核さえ、宇宙背景輻射とぶつかって陽子と中性子とにバラバラにされてしまいます。もっとさかのぼって宇宙の温度が2兆度くらいになると、陽子や中性子さえも宇宙背景輻射とぶつかってクォークに分解されてしまいます。

このように宇宙の初期には、非常にエネルギーの高い宇宙背景輻射のなかでクォークや電子といった素粒子《そりゅうし》（これ以上分割できない基本粒子）がバラバラに飛び回っていることになります。これが宇宙が生まれて最初の数分間の頃の姿なのです。

100秒たったら元素のできあがり

現在の宇宙には、100種類以上の多種多様な元素が存在しています。天文学ではそれらの元素を、水素、ヘリウム、そして「重元素」として、3種類に分類することが多くあります。重元素とは、水素とヘリウム以外の炭素や酸素、鉄などのすべての元素をおおざっぱにまとめた言い方です。これは、宇宙のなかの「普通の物質（バリオン）」（40ページ参照）は、重さにして水素が75パーセント程度、ヘリウムが25パーセント程度で、ほかの元素を全部合わせても1パーセント足らずしかなく、ほとんどが水素とヘリウムだけからできているためです。

このような元素は、宇宙のなかで、いつ、どのようにしてできたのでしょうか。この問題は、ビッグバンを予言していたガモフが、宇宙のことについて考えたきっかけでもありました。

元素のもと「バリオン」

宇宙がはじまって100万分の1秒後、その温度が2兆度程度の頃、それまで自由に動き回っていたクォークが結びついて、陽子や中性子をつくりました（図20）。陽子と中性子は陽子↓中性子、中性子↓陽子とおたがいにいろいろな反応で変化するので、ほとんど同数になっていました。中性子のほうが陽子より少し重たいので、中性子をつくるには、その分のエネルギーがよけいにかかります。そのため、宇宙の温度が下がるにつれて、陽子から中性子への変化は少し起こりにくくなって、中性子の数がだんだん少なくなってゆきます。宇宙の物質のほとんどは陽子と、それと対をなす電子になりました。

原子核である陽子1個と電子1個からできる原子が水素です。現在あるバリオンの75パーセントを占める水素（あるいはその原子核）は、そもそも宇宙の初めから大量に存在していたことになります。それでは、次にたくさんあるヘリウムは、どのようにしてつくられたのでしょうか？

宇宙ができて約100秒後、その温度が10億度まで下がると、今度は陽子と、残っ

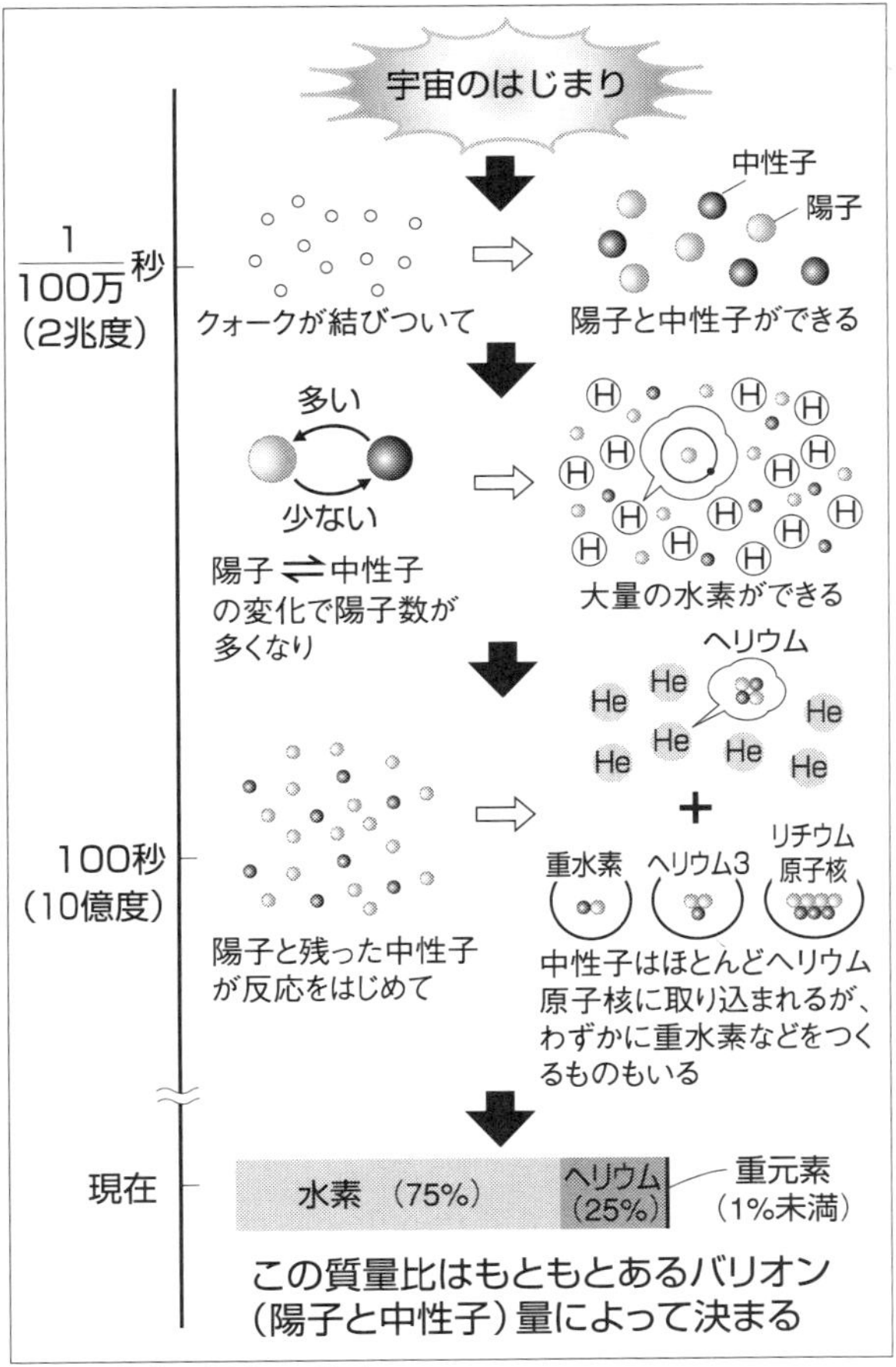
宇宙のはじまり
1/100万秒
(2兆度)
中性子
陽子
クォークが結びついて
陽子と中性子ができる
多い
少ない
陽子⇄中性子
の変化で陽子数が
多くなり
大量の水素ができる
ヘリウム
100秒
(10億度)
陽子と残った中性子
が反応をはじめて
重水素
ヘリウム3
リチウム
原子核
中性子はほとんどヘリウム
原子核に取り込まれるが、
わずかに重水素などをつく
るものもいる
現在
水素　(75%)
ヘリウム
(25%)
重元素
(1%未満)
この質量比はもともとあるバリオン
(陽子と中性子)量によって決まる

図20　宇宙の元素のでき方

た中性子が反応をはじめて、ヘリウム（の原子核：陽子2個と中性子2個）がつくられはじめます。この過程で、中性子のほぼすべてがヘリウム原子核のなかに取り込まれてしまうのですが、ほんのわずかに、重水素（陽子1個と中性子1個）、ヘリウム3（陽子2個と中性子1個）、リチウム原子核（陽子4個と中性子3個）も形成され、残されます。

ヘリウムがどの程度できるかや重水素などの元素がどのくらい残るかということは、そもそも宇宙のなかに、元素をつくるもととなるバリオン（陽子と中性子）がどれだけ存在するかによっています。したがって、これらの元素を観測すると、宇宙のなかにどれだけバリオンがあるかという重要な情報が得られるのです。

すばるで宇宙の初めの元素量もわかる

かつての宇宙に、ヘリウムや重水素がどれだけ存在したのかという問題は、「クェーサー」（138ページ参照）と呼ばれる天体を使って直接調べることができます。

現在の宇宙では、宇宙の初めにできたヘリウムや重水素などは、星のなかで起こる核反応によって壊されてしまうので、ほとんど観測できません。そこで、そのようなことがまだ起こっていない昔の宇宙（遠くの宇宙）を観測したほうがよいのです。

クェーサーというのは、宇宙のかなたにあって、われわれの銀河系の100倍から1000倍ものエネルギーを放出している天体です。クェーサーからやってくる光は、われわれに届くまでに、銀河や銀河になりそこねた雲など、多くの天体を通り抜けてきます。そのとき、それらの天体のなかにある元素によって光が一部吸収されるので、クェーサーからの光のスペクトル（波長ごとに測った光の強さ）には、「吸収線」（65ページ図10参照）と呼ばれる暗い部分が現れます。

元素はその種類によって特定の波長の光を吸収する性質なので、光のスペクトルをくわしく観察すると、途中の天体にどんな元素がどれだけ含まれているかがわかります。ただし、重水素などはごく微量にしか含まれていないので、それによる吸収線を見るためには、すばる望遠鏡のような、大きな望遠鏡が必要になります。

こうして、宇宙のかなた（初期）からの光であるクェーサーの観測から、宇宙初期に重水素などの元素はどれくらい存在したのか、ひいては、宇宙のなかにどれだけバリオンが存在しているのかを、実際に知ることができるのです。

ここまで、水素とヘリウムについて説明してきました。それでは残り1パーセント足らずである重元素、つまり、われわれのまわりにあるさまざまな「もの」や、われわれ自身の体をつくっている酸素、窒素《ちっそ》、炭素、鉄などのほかの元素は、どのようにしてできたのでしょうか。

じつは、これらの重元素は、宇宙の歴史のだいぶ後になって、星の内部や「超新星」と呼ばれる星の最後の大爆発の過程でつくられて、宇宙空間にまき散らされたものなのです。われわれの体のなかにも、何億年も前に爆発した超新星のかけらが残っているのです。

光がさしこむ「宇宙の晴れあがり」

非常に高温、高密度の状態ではじまった宇宙ですが、膨張とともに温度が下がり、約3000度にまで達したときに、大変化が起きました。

原子ができて宇宙は大変化

それまでは、陽子やヘリウムの原子核と電子がバラバラに、自由に運動していました。原子核はプラスの電荷をもち、電子はマイナスの電荷をもっているので、おたがいに引きあって中性の原子をつくろうとします。しかし、宇宙初期には、電子はエネルギーの大きな光と衝突《しょうとつ》した際にエネルギーをもらってその速度が大きくなりすぎてしまうため、陽子は電子をつかまえることができません。いい換えると、宇宙の物質は陽子あるいは原子核と電子がバラバラのままで「電離」された状態だったわけです。

ところが、宇宙の膨張によって光の波長が伸び、そのエネルギーが温度にして3000度くらいに下がると、電子の速度は十分に遅くなって、陽子は簡単に電子をつかまえられるようになります。離ればなれだった陽子や原子核は、電子とくっついて、水素やヘリウムの原子をつくります。そして、宇宙にはたくさんの中性の水素原子とヘリウム原子が現れてきます。この現象を、宇宙の「中性化」といいます。それまで、プラスとマイナスの電荷をもった状態でバラバラになっていたものがくっついて、電荷を打ち消しあう、つまり、中性になった状態を意味するからです。

宇宙の中性化が起こると、光と物質との関係が変わってきます。

中性化以前は、物質は、電荷をもった粒子（陽子とヘリウム原子核と電子）ばかりだった（プラズマと呼ばれる状態）わけですが、光には、電荷をもった粒子のそばを通ると、その進路が大きく曲げられてしまうという性質があります。その結果として、光はまっすぐ進むことができず、プラズマのなかをあっちへいったりこっちへいったり、「散乱」という過程をくり返してしまいます。そういうわけで、この時代の光は、けっしてわれわれの目に届くことがないのです。

すでに述べたように、光の速さには限りがあるので、どこまでもどこまでも遠くの宇宙を見ていけば、どんどん過去にさかのぼって起こったできごとが見えてくると思いがちですが、遠い宇宙が中性化以前の時代にあったときに放出された光については直接観測することができないのです（58ページ図9参照）。

この中性化のことを理解するには、空一面をおおう分厚い雲を考えてみればよいでしょう。われわれは、雲の表面を見ることはできますが、雲のなかは見ることができません。これは一度雲のなかに入った光は、雲の粒子によって行く手をはばまれて雲の外に出ることができず、雲の下側の表面で反射された光だけが、われわれに届くからです。

中性化以前の宇宙は、あたかもこの分厚い雲のなかのようなものです。中性化のときに宇宙は晴れあがって、つまり、雲が晴れて見晴らしがきくようになるのです。このようなたとえから、中性化は、「宇宙の晴れあがり」とも呼ばれます。

これに対して、中性化後は電荷をもった粒子がなくなるので、とりあえず光はまっすぐに進むことができます。この宇宙の中性化は、宇宙がはじまってから約38万年後、宇宙の大きさが現在の約1100分の1のとき、赤方偏移にして約1100のときに起こったと考えられています。

それまであっちへ曲げられこっちへ曲げられしながら飛び交っていた光は、中性化以降、即座に四方八方へと飛び出してゆきます。宇宙には（空間の広がりに比べればずっと小さな）銀河や銀河団しかさえぎるものはありませんから、そのまま、あらゆる方向からあらゆる方向へと直進してゆく光が、宇宙に満ちていることになります。

ところが、宇宙が膨張するにつれ、光の波長は伸びてゆきます。現在に至るまでに波長は約１１００倍に伸び、温度が３０００度から約3度にまで下がってしまいました。この光が、１９６５年にペンジアスとウィルソンが発見した宇宙背景輻射だったのです（96ページ参照）。ペンジアスとウィルソンの観測した輻射は、宇宙ができてからわずか38万年後、プラズマ状態だった遠い宇宙のガスから抜け出した後、約１３５億年ものあいだ、なにものにも邪魔されず宇宙を旅してきた光だったのです。

宇宙の初めの光からわかること

現在のわれわれが宇宙背景輻射を観測することは、じつは、宇宙がはじまってから38万年たった頃の、遠い宇宙の姿を見ていることになります。さらに、「宇宙原理」

を考えれば、宇宙は大局的には「一様」つまり、どこでも同じようなものですから、この遠い宇宙の過去の姿は、われわれ自身の過去の姿を見ているのと同じようなことなのです。

その頃の宇宙に、もし物質の分布にムラあるいはデコボコがあると、それを反映して、そこからやってくる宇宙背景輻射の温度も一定ではなくなります。物質の密度の高いところ（デコボコのデコ）では重力が強いので、そこからやってくる宇宙背景輻射は重力にさからってくるため、エネルギーを失って温度が低くなるのです。それを地球から見ると、いろいろな方向からやってくる輻射の温度がわずかに違って、やはりムラあるいはデコボコが観測されることになります。これを宇宙背景輻射の「非等方性」や「温度のゆらぎ」などといいます。

宇宙背景輻射の温度のゆらぎを観測することができれば、それは、宇宙初期（宇宙がはじまって38万年頃）の物質分布のデコボコを観測することになり、ひいては将来銀河に成長する〝銀河のタネ〟ともいうべき場所を見つけたことになるでしょう。デコボコのデコが、だんだんつぶれて密度がさらに高くなり、ついには銀河などの構造をつくったというふうに考えられるのです。

この宇宙背景輻射の非等方性は、NASAの観測衛星COBE《コービー》によって1992年に発見されました（口絵㉗）。2000年には、「ブーメラン実験計画（BOOMERANG、「ミリメートル銀河外輻射と地球物理の気球観測」の英頭文字の略称）」と名付けられた、南極上空で、気球を用いた観測がおこなわれました。この実験では、COBE衛星のときよりも、さらに細かいサイズのゆらぎが検出されました（口絵㉘）。COBEや「ブーメラン」、その他、いろいろなグループの研究成果をあわせてゆくことで、宇宙背景輻射のゆらぎ、ひいてはその当時の物質の分布のデコボコの、より詳細な情報が得られるようになったわけです。

じつは、この宇宙背景輻射の温度のゆらぎの性質は、物質分布のデコボコだけでなく、宇宙の幾何学《きかがく》（宇宙は「開いた空間」なのか、「平坦な空間」なのか、それとも「閉じた空間」なのか）にもよっています。

中性化の時期の物質分布のデコボコのスケール（物質が多い＝高温の部分であるデコからデコの長さ）を地球から見ると、空のうえで、ある角度に見えます（となりあったデコから出た光が、地球上である角度で一点に交わることに相当する。図21-1）。閉じた空間の場合、あたかも凸《とつ》レンズを通したかのように、2つのとなりあったデコから出

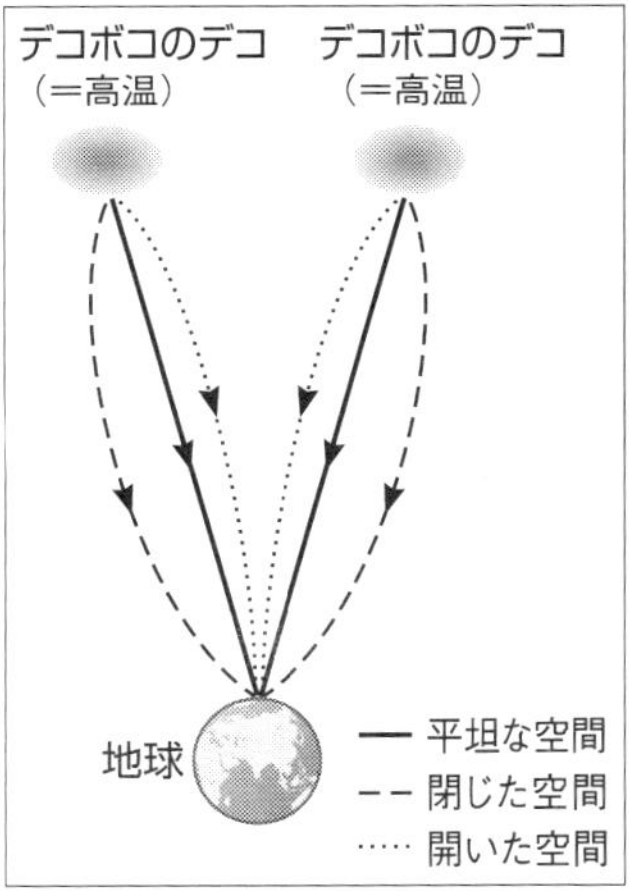

図21-2　観測衛星ＷＭＡＰ

図21-1　「温度ゆらぎ」の角度
地球に届く輻射の角度が平坦なときより大きいなら閉じた空間、小さいなら開いた空間

た光は屈折《くっせつ》を受けて、平坦な空間の場合より大きな角度で交わります。開いた空間の場合は、逆に凹《おう》レンズのように屈折されて空間が平坦な場合より小さな角度で交わります。

こうして宇宙背景輻射の温度のゆらぎの特徴的な角度を観測することで、空間が平坦か、閉じているか、開いているかがわかることになります。

「ブーメラン実験計画」などこれまでの観測からは、宇宙の空間は「平坦」であると考えられてきました。そしてより精密に宇宙背景輻射の非等方性を観測するため、2001年、ＷＭＡＰと呼ばれる観測衛星（図21-2）がＮＡＳＡによって打ち上げられています。

ＷＭＡＰが伝えた最新宇宙像

ＷＭＡＰ衛星は、ＣＯＢＥ衛星やこれまでの地上の実験を大きく上回る精度や新しく工夫された手法で、宇宙背景輻射を観測することができます。この衛星は、打ち上げ後、地球から見て月の裏側にある「ラグランジュ２」と呼ばれる、地球と月と衛星の位置関係が一定になる場所への飛行を終え、その場所で、約１年間にわたって、空の全方角からの宇宙背景輻射の強さの測定をおこなってきました。そして２００３年２月、研究チームによって、ついに最初の結果が報告されました。それは、最近の「標準的な宇宙モデル」をみごとにうらづけるものでした。

まず、宇宙全体の「かたち（曲率）」は、きわめて「平坦」に近いことを示しています。これは宇宙の空間には果てがあるかないかのちょうど境目で、おそらく宇宙はどこまでも広がっており、しかも今後収縮に転ずることなく永遠に膨張してゆくことを意味します。さらに、宇宙の「中身」としては、質量（＝エネルギー）にして、普通の物質（バリオン）が約４パーセント、ダークマターが約23パーセント、残りの73

パーセントを未知のダークエネルギー（アインシュタインの宇宙定数に相当）が占めていることがわかりました。また、現在までの宇宙の年齢をきわめて高い精度で、１３７億プラスマイナス２億年と求めています。

ＷＭＡＰ衛星の観測結果から、宇宙初期にインフレーションが起きたという考えが正しいのか、ダークエネルギーの正体はどんなものなのか、そして宇宙で最初の天体形成がいつごろだったのか、などビッグバン直後の宇宙についてさまざまな研究が進むと期待されています。

〃銀河のタネ〃を大きく育てたもの

宇宙背景輻射の「非等方性」、つまり温度のゆらぎの発見によって、宇宙がはじまってから38万年たった頃の物質分布にわずかなデコボコがあったことがわかってきました。この物質分布のデコボコのデコが、いわば〃銀河のタネ〃になったと考えられているのです。

「デコボコ」だけでは何かが足りない

ところが、じつは、そう簡単には銀河はできないのです。ＣＯＢＥが発見した宇宙背景輻射の温度のゆらぎは、10万分の1度程度という非常に小さな値でした。つまり、宇宙の晴れあがりの時点での物質密度のデコボコは、デコとボコの差が、平らなところの10万分の1程度なのです。これは、感覚としては高さ１００メートルの高層ビルの屋上に、1ミリメートルくらいの起伏がある程度のデコボコです。物質のデコボコをいう場合には、物質がちょっと濃いデコの部分が、平均密度の10万分の1だけ密度が高い、ということを指しています。

その小さなデコがだんだんつぶれようとする、つまり、ゆらぎが成長してだんだん密度が高くなるのですが、一方で、宇宙が膨張しているため、こうしたゆらぎの成長がかなり抑えられてしまうことがわかっています。たとえば、宇宙が2倍膨張すれば、ゆらぎも2倍成長する程度にしかならないのです。宇宙の晴れあがりから現在まで、宇宙は約1100倍に膨張しているので、これは、ゆらぎもせいぜい1100倍くらいしか成長しないことを意味しています。晴れあがりの時点で10万分の1のゆらぎですから、現在に至っても、デコとボコはたかだか100分の1程度のゆらぎの差しかないことになります。

これは、平均密度がたとえば1立方センチメートルあたり1グラムだとすると、密度の高いところは1立方センチメートルあたり、1プラス100分の1グラム、密度の低いところは1立方センチメートルあたり、1マイナス100分の1グラムということです。ちなみに、現在の宇宙の平均密度の実際の値は、1立方センチメートルあたり、だいたい10^{-29}グラムくらいです。

ところが、現在の宇宙で見られる銀河のなかの星やガスを合わせた平均密度は、宇宙全体の物質の平均密度の10万倍ほどもあるのです。これは、たった100分の1のゆらぎとは、比べものにならないほどの大きさです。つまり、宇宙背景輻射のデコボコの程度がそのまま物質分布のデコボコだったとすると、それは、とても銀河のタネにはなりそうもないくらい小さいものだったということになります。

それではいったい、銀河のタネはどうやってできたのでしょうか？　どのようにして、それほど大きな物質分布のデコボコができていたというのでしょうか。

〝肥料〟となったのはダークマター

この問題を解くカギは、「ダークマター（暗黒物質）」の存在なのです。

宇宙の晴れあがりのときの「物質」のゆらぎの大きさは、たしかに10万分の1程度であって、これは宇宙背景輻射のゆらぎの大きさと同じ程度でなければなりません。ところが、じつは、この「物質」が指すのはバリオンのことであって、ダークマターにはあてはまらないのです。

バリオンとダークマターの違いを思い出してみましょう（40ページ参照）。ダークマターは、電磁波を出しもせず、影響もされません。したがって、ダークマターと宇宙背景輻射とは、おたがいに素通りしてしまいます。そのため、ダークマターのゆらぎと宇宙背景輻射のゆらぎは、ほとんど無関係といえます。一方、バリオンは、宇宙背景輻射と頻繁に衝突するので、両者は同じ程度のゆらぎになってしまうのです。

宇宙の晴れあがりの時点で、宇宙背景輻射のゆらぎが10万分の1のときでも、ダークマターのゆらぎはだいたい1000分の1程度と、ずっと大きくなっていたと考えられています。バリオンは、晴れあがりの直後からダークマターの密度の高いところの重力に引きつけられるため、バリオンのゆらぎはすぐにダークマターのゆらぎと同じ大きさになります。

そして、赤方偏移が10（約130億年前）より小さくなると、密度ゆらぎは1程度になります。ひとたび、この密度ゆらぎが1程度になると、ゆらぎの成長は宇宙膨張の影響をふりきって進んでゆき、急速に成長して、そして銀河をつくることができることになるのです。

見えないダークマターを見つけ出せ

ダークマターの存在を前提にすればこそ、宇宙のなかに、現在ある銀河や銀河団などの構造ができたと考えられるのですが、では、本当にダークマターは存在するのでしょうか。ここでは、どのようにして〝見えない〟ダークマターの存在が明らかになったのか、もう少しくわしく見てみましょう。

「失われた質量」を予言したツビッキー

ダークマターは電磁波を出さないので、通常の方法では観測できません。ダークマターが存在するのではないかという予想は、1930年代に、アメリカの天文学者ツビッキーによってなされました。

ツビッキーは、銀河団のなかの銀河の運動を研究していました。銀河団のなかの銀河がもし運動していなかったら、それらはおたがいに重力で引きあって、最後は合体してつぶれてしまうでしょう。つぶれないためには、個々の銀河が銀河団のなかを絶えず動き回っている状態でないといけません。したがって、銀河の運動を調べることによって、逆に、銀河団の重さを推定することができます。

ツビッキーが調べたところ、銀河の運動は、予想よりもはるかに激しかったのです。運動が激しすぎて、銀河団のなかに見えている銀河だけの重力では、とても銀河を銀河団のなかにとどめておくことはできません。そこでツビッキーは、銀河団のなかに光を出さない物質が大量に存在して、その重力でもって銀河を銀河団のなかに閉じ込めていると考えました。彼は、これを「ミッシング・マス（失われた質量）」と名付けました。

「重力レンズ」の証言

現在では、ダークマターをもっと直接に観測できる方法があります。それは「重力レンズ」と呼ばれる方法です。

バリオンが重力によって引かれるのと同じように、光も重力によって引かれるので、その進路が曲げられます。別の言い方をすると、光は、空間のなかの最短距離を走るように伝わってきます。もし、空間のある場所に、非常に重い、つまり質量の大きな物があると、その周囲の空間は曲げられてしまいます。曲がった空間のなかでは、その最短距離を結ぶ線はもはや直線ではなく、曲がった軌跡《きせき》になってしまいます。そこを通った光は、曲がった経路をたどる、すなわち進路が曲げられるのです(図22)。

われわれから見て、銀河団の後ろの適当な位置に銀河があると、銀河からの光は、銀河団の重力によって曲げられて、後ろの銀河が複数に見えたり変形して見えます。像と像の間隔や、銀河の変形具合は、銀河団にどれだけの質量があるかで決まります。この質量は、バリオンだけでなく、ダークマターも含めたすべての質量のはずです。こうして、重力レンズをくわしく観測することで、銀河団にどれだけダークマターがあるかがわかるのです。

口絵㉙の上はすばるで撮った、PG1115+080というクェーサーの重力レンズ像です。手前にある楕円《だえん》銀河が重力レンズとして働き(正確には、この銀河は孤立したものではなく数個の銀河集団の一員で、集団のほかの銀河による重力の寄与も少しありま

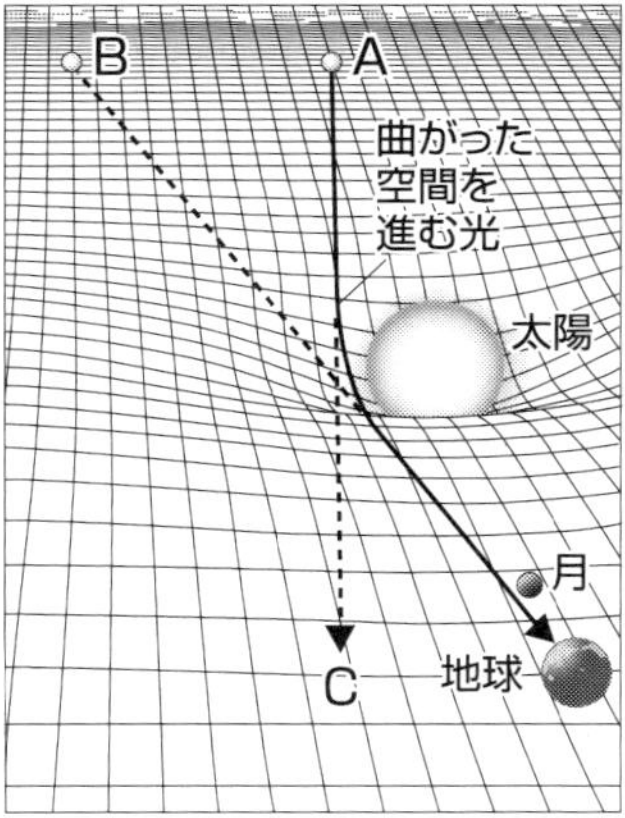

図22　曲がった空間を進む光
太陽の背後Aにある星からの光は、本来は直進してCの地点に向かう。しかし、太陽の質量によって空間が曲げられているため、光も曲がり、Cではなく地球に届く。地球から観測すると星AはBにあるように見える。あたかも重力が光の軌跡を曲げているかのように見えるこの作用を「重力レンズ」といい、銀河団など大質量の場合には光もさらに影響を受け、複数像や変形像が観測される

すが)、遠方のクェーサーを4つの像に見せています。

口絵㉙の下では、クェーサーを取りまく銀河がやはり重力レンズを受けて、エメラルドグリーンのリング状に見えています。このように重力レンズによってリング状の像ができた場合、この像を「アインシュタイン・リング」と呼びます。この重力レンズでも、レンズの役割をしている銀河のまわりに大きくダークマターが取りまいていることがわかっています。

宇宙でいちばん古い天体をすばるが発見

2002年の春、すばる望遠鏡は、それまで知られていたうちでもっとも遠い（古い）天体の発見に成功しました。赤方偏移が7程度の銀河です。

すばる望遠鏡計画をリードし、建設開始にあたっては国立天文台・台長として計画を率いてきた、小平桂一博士（現・総合研究大学院大学学長）を中心とする、東北大、東京大、そして国立天文台の研究者チームは、「すばるディープフィールド」と呼ばれる天域を観測しました。観測にはすばるの「主焦点《しゅしょうてん》広視野カメラ」（163ページ参照）と、この研究のために特別に制作された、赤方偏移が6・6の銀河の出す水素電離ガス輝線を通す特殊なフィルタが用いられました。

初めに、赤方偏移6・6の銀河の「候補」として、全部で70個あまりの天体がピックアップされました。これらの「候補」が、本当に宇宙でもっとも遠い天体かどうかを確かめるためには、さらにくわしく銀河の波長スペクトルを調べる観測が必要となります。今度は微光天体分光撮像装置FOCASの出番です。

このような宇宙の果て近くの天体の光を、さらに細かい波長に分けて調べるには、とても長い時間がかかります。2002年6月、研究チームは、まず、70個あまりの候補のうちもっとも観測に適した約10個を選び出し、FOCAS装置による分光観測をおこないました。その結果、少なくとも2個は確実に、また、おそらくは数個以上の天体がかなりの確度で、まさに赤方偏移6・6の銀河であると確認されました。

それは、「いちばん遠い宇宙の果てが見たい」「どこまでもどこまでも遠くにある天体をこの目でとらえたい」――そんな天文学者たちの情熱が、十数年にわたるすばる望遠鏡の建設を通して、ひとつに結びついた瞬間だったともいえるでしょう。

赤方偏移7とは、宇宙の大きさが現在の8分の1程度の頃、いまから125億年ほど前のことです。宇宙がはじまって5億年くらいたった頃には、すでに銀河が生まれはじめていたことがわかります。宇宙の晴れあがりの赤方偏移が約1100（宇宙がはじまって38万年くらいの頃）なので、これはまた、そのときから赤方偏移7頃までのどこかの時点で、宇宙で最初の銀河が生まれたことも意味しています。

「そのもっと前の天体」を知るヒント

最近の天文学では、この期間、つまり宇宙の晴れあがりから本当の第1世代の星や銀河が生まれるまでを「宇宙の暗黒時代」と呼びます。この暗黒時代に、最初に生まれた天体（銀河をつくるもとになった天体）はどのようにしてできたのでしょうか。

それを知るヒントは、ダークマターの性質です。前節で述べたように、宇宙の晴れあがりの時点で、すでにダークマターの大きな密度のゆらぎ（分布のデコボコ）があって、それに引かれてバリオンのゆらぎが急成長します。問題は、どれくらいのサイズ・広がりのデコボコがあったのかということです。いい換えると、そこここにできたダークマターの塊《かたまり》のサイズが、いったいどのくらいだったのかです。

実際には、決まった1つのサイズの塊ができるわけではなく、大きなサイズから小さなサイズまで、いろいろなサイズの塊ができるでしょう。大きな塊が多ければ最初にできる天体のサイズも大きく、小さな塊が多ければ最初にできる天体のサイズも小さいということになります。そして、どのサイズのゆらぎがいったいどのくらいできるかは、ダークマターの性質で決まってしまうのです。

熱いダークマター、冷たいダークマター

ダークマターには、「ホットダークマター（熱い暗黒物質）」と「コールドダークマター（冷たい暗黒物質）」の2種類が考えられています（図23）。もっとも、手でさわって「熱い」物質や、「冷たい」物質のことではありません（ちなみに、ダークマターは電磁気的な力が働きませんから、あなたの手も素通りしてしまうでしょう！）。宇宙の初期の頃、ダークマターが激しく運動していたか（ホット）、それとも、ほとんど運動していなかったのか（コールド）ということを表している言葉です。

ホットダークマターと呼ばれるものは、大きなサイズのゆらぎはつくりますが、小さなサイズのゆらぎはつくりません。それは、ダークマターをつくっている粒子の運動が激しくて、小さなゆらぎができてもすぐに消えてしまうためなのです。この場合、まず銀河団や、それよりも大きな超銀河団のもとになるような、非常に巨大なバリオンの塊ができて、それが分裂《ぶんれつ》をくり返して銀河団、銀河になるという、いわば、「大から小へ」というシナリオが描かれます。

一方、コールドダークマターと呼ばれるものは、ダークマターをつくっている粒子が激しい運動をしていないので、小さなサイズのゆらぎが数多く存在します。この場

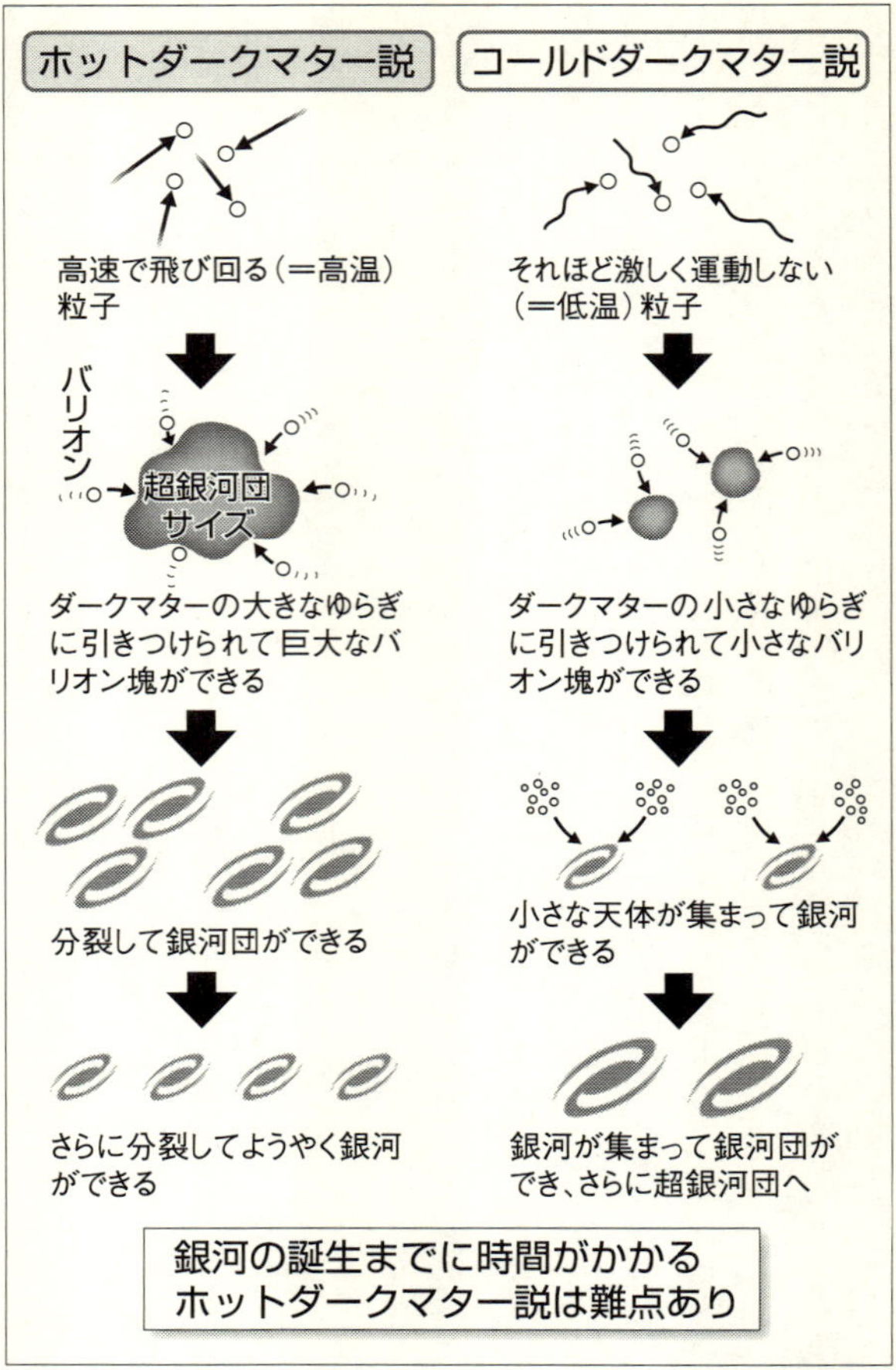
ホットダークマター説
コールドダークマター説
高速で飛び回る(＝高温)粒子
それほど激しく運動しない(＝低温)粒子
バリオン
超銀河団サイズ
ダークマターの大きなゆらぎに引きつけられて巨大なバリオン塊ができる
ダークマターの小さなゆらぎに引きつけられて小さなバリオン塊ができる
分裂して銀河団ができる
小さな天体が集まって銀河ができる
さらに分裂してようやく銀河ができる
銀河が集まって銀河団ができ、さらに超銀河団へ
銀河の誕生までに時間がかかるホットダークマター説は難点あり

図23　宇宙の構造形成

合、最初にできるのは球状星団（39ページ参照）のような小さな天体で、それが集まって銀河をつくり、銀河が集まって銀河団をつくり、銀河団が集まって超銀河団をつくるという、今度は「小から大へ」というシナリオになります。

ホットダークマターの場合、大きなものからだんだんと小さいものをつくっていくので、小サイズのものができるまでに時間がかかります。つまり銀河は、宇宙の歴史のなかでは、それほど古くない時期（といっても100億年前頃）に生まれたことになります。

ところが、赤方偏移7の銀河が発見されていることから、すでに125億年以上も昔に銀河が存在することはわかっているので、ホットダークマターによる構造形成には、無理があると考えられます。現在の観測知識に照らすと「コールドダークマターによる構造形成説（コールドダークマター・モデル）」というのが、有力なのです。

実際、コンピュータのなかで、宇宙の構造を再現しようという試みが多くなされていますが、コールドダークマター・モデルでできた銀河分布の構造は、現在観測されている銀河の3次元分布をかなり再現しています。これも、コールドダークマター・モデルの正当性を強めています。

最大の謎「宇宙はどうやってつくられたか」

宇宙初期の小さな小さな密度のゆらぎがだんだん成長し、紆余曲折《うよきよくせつ》をへて、ついには銀河になったわけですが、そもそもこの最初のゆらぎ（ムラあるいはデコボコ）は、いったい、いつ、どのようにしてできたのでしょうか。じつは、この謎は、宇宙がなぜ現在まで膨張していられるのか、という謎にもつながる大きな謎でもあるのです。

物理法則は宇宙の存在を許さない？

20世紀の前半に、重力の法則である一般相対性理論や、ミクロのスケールを記述する量子論《りようし》ができてから、物理学者は、宇宙がどのようにしてできたかという疑問を長いあいだ考えてきました。宇宙が物理法則にしたがってできたとすると、宇宙の大きさや寿命《じゆみよう》は次のような考えから理解できるでしょう。

宇宙を支配する物理法則は、「自然定数」と呼ばれる3つの数をもとにしています。重力の強さは「重力定数」が決めているし、自然界のもっとも速い運動は、「光速度」という定数が決めています。そして、素粒子の世界を支配する量子論には、「プランク定数」という定数があります。

これら3つの数の組み合わせから、自然界のもっとも基本的な長さや時間間隔（いちばん短い距離と時間間隔のこと）を見積もることができます。自然界に基本的な長さと時間が存在することを最初に指摘したのは、量子論の基礎を築いたドイツの物理学者マックス・プランクなので、それらを、「プランク長さ」と「プランク時間」と呼びます。プランク長さは、10^{-33}センチメートル、プランク時間は10^{-43}秒という、極端に小さな値です。

ちなみに現在、人工的につくることのできるもっとも短い光のパルスは、1フェムト秒、すなわち1000兆分の1秒ですが、プランク時間は、さらにその1000兆分の1の、そのまた100億分の1、という想像を絶する短さなのです。もし、宇宙が重力の理論と量子論という物理法則にしたがってつくられたものだったとしたら、特別な理由がない限り、宇宙の大きさはプランク長さ程度、宇宙が存在できる時間はプランク時間程度にしかならないと思われることになってしまいます。

ところが、現在の観測ではこの予想に反して宇宙は無限に広がっていて、宇宙ができてからすでに135億年がたっているようです。理論的な予想と観測事実とは、まったく違っているのです。

インフレーション膨張という超ウラワザ!

1980年代に、この謎を解く可能性がある理論が、当時、京都大学にいた佐藤勝彦現東大教授を含む何人かの物理学者によって提案されました。それは「宇宙は、形成されるやいなや、光速度を超える極端に速いスピードで膨張した(インフレーション膨張。図24)」という説でした。

このインフレーション膨張が起こらなかったら、宇宙はできたとたんにつぶれて消えてしまっていたでしょう。もしかしたら、無数の宇宙ができては消え、できては消えていて、インフレーション膨張を起こした宇宙だけが、生き残っているのかもしれません。

インフレーション膨張が起こると、たとえ空間がデコボコしていても、急激に引き

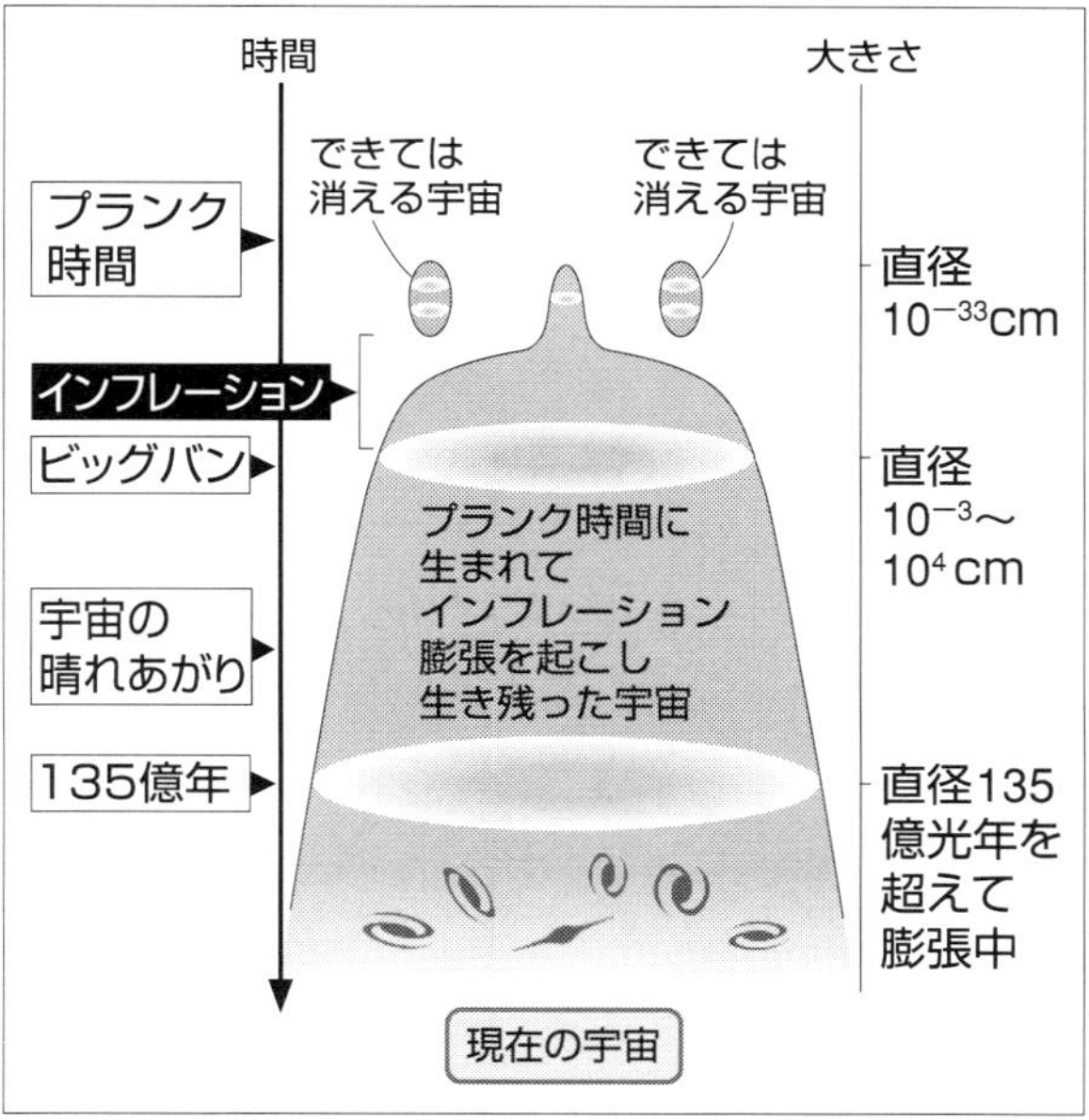

図24　インフレーション膨張　ビッグバン以前のプランク時間内に、われわれのいる宇宙は光速度を超えるすさまじいスピードで膨張した。このインフレーション膨張で、宇宙は直径10^{-33}cmから10^{-3}～10^{4}cmの大きさへと一気にふくれあがったが、これは直径1cmの球が1兆光年の宇宙にふくれあがったのと同じ割合である。インフレーション膨張を起こさなかったら、宇宙はできたとたんにつぶれて消えてしまったはずで、そのような無数の宇宙の存在も考えられる

伸ばされるので、ほとんど「平坦」にならされてしまうでしょう。このことから、インフレーション膨張は、現在の宇宙の空間が平坦、すなわち「一様かつ等方」であることを説明することもできるのです。

また、量子論によれば、空間の微小な領域では、エネルギーの小さなゆらぎがいつも起こっていると考えられますが、このゆらぎがインフレーション膨張によって急激に拡大されて、のちのちダークマターの密度のゆらぎとなって、現在観測される銀河をつくったのではないか、と考えられています。

もっとも、いったいなぜインフレーション膨張が起こったか、ということについては、現在でも諸説があって、よくわかっていません。その意味で、宇宙の創造そのものは、現在も大きな謎に包まれているのです。

宇宙は誕生するやいなやインフレーション膨張で急激にふくらみ、その過程でゆらぎもつくられます。インフレーション膨張が終わった時点が、ビッグバン理論でいう宇宙のはじまりで、宇宙はもうつぶれる心配のない大きさになり、そのなかに、将来銀河に成長するゆらぎのタネが仕込まれていたのです。

第3章
すばるがとらえた神秘の銀河
(100億〜130億年前)

いまから約130億年ほど前、あるいは、ビッグバンから数億年をへたくらいの時代から、現在われわれが宇宙に見ることができる銀河やクェーサーなどがつくられはじめました。宇宙のかなたにある「クェーサー」、すなわち銀河の中心にある巨大ブラックホールが大きなエネルギーを生む現象が初めてとらえられたのは、1960年代のことでした。そして、90年代後半に入って、すばるなどの大望遠鏡やハッブル宇宙望遠鏡が登場し、120億〜130億年前の宇宙の姿が明らかになりつつあります。人類の目が大きく宇宙の地平線までひろがり、まさに「手に取るように」初期の宇宙の天体の姿がとらえられるようになったのは、ほんの数年前のことなのです。空間と時間を超えた太古からの銀河の歴史パノラマが、現在進行形で広がりつつあります。

◎宇宙の歴史を教えるクェーサー

「クェーサー」という謎めいた天体の名前を聞いたことがあるでしょうか？　われわれが、100億年を超える宇宙の歴史を実際に観測できるようになったきっかけが、このクェーサーです。クェーサーこそは、人類の目を最初に、宇宙の果てにまで導いた宇宙の「灯台」、あるいは闇《やみ》のなかの「ろうそく」の光だったのです。まず、クェーサーはどのようにして発見されたのか、クェーサーが宇宙の歴史をどんなふうに照らし出すのかを見てゆくことにしましょう。

やけくそでわかったクェーサーの正体

1960年代の初め、カリフォルニア工科大学の天文学者マーテン・シュミットは、クェーサー（QUASAR、「恒星のように見える電波を出す天体」を意味する英語の頭文字を並べた造語)、あるいは「電波星」と呼ばれた不思議な天体の観測データに頭を悩ませていました。シュミットは、カリフォルニア州パロマ山にある口径5メートル、当時最大の望遠鏡を使って、代表的なクェーサーの1つである3C273と呼ばれる天体の出す光の波長スペクトルを調べていたのですが、その波長スペクトルのなかのいくつもの奇妙な幅広い山(輝線スペクトル)の正体がどうしてもわからなかったからです。その当時、クェーサーは、普通の恒星《こうせい》のように青白く光る、見た目はさして目立たないけれど、しばしば強い電波を出す天体として知られていました。

ある日のこと、とうとうシュミットは、なかばやけくそ気味で、水素原子の出す「バルマー系列」という決まった波長の輝線スペクトルのパターンを、このクェーサーの山なりのスペクトルに当てはめてみたそうです。すると、水素原子の「バルマー系列」の波長間隔そのままでは説明できませんでしたが、その波長を、うんと引き伸ばして、赤方偏移《せきほうへんい》が0・16、つまり、全部の波長を1・16倍に伸ばしてみると、ぴったりとクェーサーの波長スペクトルの山と山との間隔が説明できたのでした。

シュミット博士も最初はわが目をうたがったことでしょう。なぜなら、赤方偏移が0・16というのは、観測された天体が、光速の約16パーセントの速さで遠ざかっていることを意味しているからです。

ハッブルの宇宙膨張《ぼうちょう》の法則によれば、われわれから、より速いスピードで遠ざかる天体は、より遠方の宇宙に存在するはずです。この法則をあてはめると、クェーサー3C273は、当時知られていたどの銀河よりも、はるかはるか遠い宇宙、約15億光年のかなたにある天体ということになってしまうからです。それまで知られていた天体でもっとも遠い銀河でも、その距離は3億光年程度でしたから、われわれ人類が見ることのできる宇宙の大きさが、なんと一挙に5倍以上に広がったことになります。

これは、たとえば自分の家の庭しか知らなかった子どもが、初めてそのまわりにも世界が広がっていることに気づいたような驚きに相当するでしょう。古来、人間は自分の知ることができる範囲だけが世界のすべてだと考えてしまいがちです。しかし、人間の認識することができた世界は、大陸から地球、太陽系、銀河系、そして銀河系と同じような銀河の世界と次第に大きく広がり、ついにクェーサーの発見によって、もはや時間と空間とを切り離してはとらえられないような、広大な宇宙へと広がることになったわけです。

天の川銀河100個分もの輝き！

当時、このような考えがすぐに人々に受け入れられたわけではありませんでした。光の明るさは距離に反比例して暗くなるはずですから、3C273がこれほど遠くにあるとすると、その本来の明るさは非常に明るく、われわれの天の川銀河を100個合わせたものにも匹敵《ひってき》するものとなってしまいます。

クェーサーの発見は、当然、天文学界に大きな議論を巻き起こしました。なかでも争点となったものに、クェーサーの大きな後退速度は、宇宙の膨張によるものではなく、じつはわれわれの銀河系のなかにある天体が非常に高速で運動することによって生じたものではないか、という解釈もありました。

その後、さまざまな観測結果が積み重ねられ、現在では、クェーサーの大きな赤方偏移は宇宙の膨張によるものであり、クェーサーが、非常に遠方の宇宙にある天体であることは、もはや確固たる観測的事実として認識されています。

ただ1つの星のように見える、すなわち非常に小さな「点状」の天体から、いったいどのようにして、数千億個の星の集団に匹敵する、あるいはその100倍にも相当するエネルギーが放出できるのでしょうか？

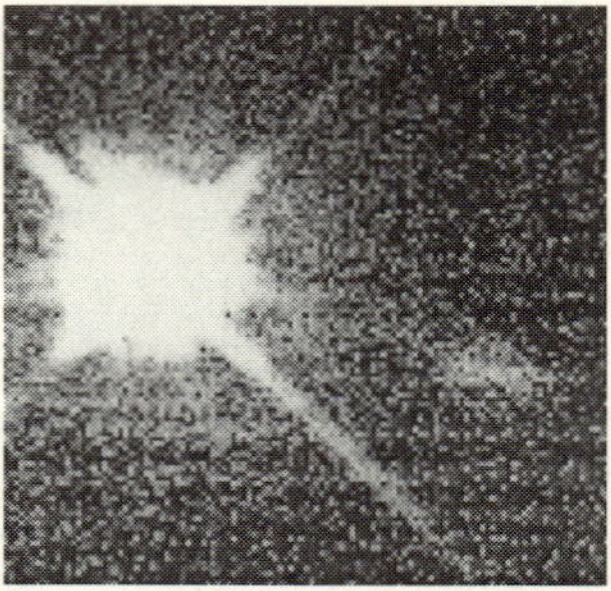

図25　クェーサーの強い輝き

クェーサーがどれほど明るい天体か、というのがよくわかる図25を見てみましょう。この写真には、2つの天体が写っています。1つは、恒星状の非常に明るい天体（左）、もう1つはその右隣の、ぼんやりした天体です。この2つの天体はクェーサーとかなり明るい銀河で、どちらも非常に遠方（およそ120億光年以上）にあるのですが、じつは、たいへん明るく輝いているクェーサーのほうが、まだ少し遠い宇宙にあります。非常に小さな領域から放射されるクェーサーの光度が、どれほどすごいものか、思わず戦慄《せんりつ》を覚えてしまうほどです。

クェーサーの莫大《ばくだい》なエネルギー放射の原因、それは、遠くの銀河の中心にある、太陽の数千万倍から10億倍もの質量をもつ巨大ブラックホールによるものであるらしいことが次第に明らかになってきたのですが、この話は、次の節でもう少しくわしく解説することにしましょう。銀河の中心の巨大ブラックホールについては、それだけで、すでに何冊もの本が書かれているくらい、たいへん興味深い天体なのです。

クェーサーが広げる宇宙

クェーサーの発見により、われわれが知ることのできる宇宙の範囲は、一挙に広がりました。赤方偏移が大きい、遠方の宇宙にある、ということは、われわれが見るクェーサーの姿は非常に昔の姿でもある、ということです。

３Ｃ２７３は、15億光年の距離にありますが、これは、われわれが目にするこのクェーサーの姿は、15億年も前の姿だということを意味しています。あるいは、このクェーサーの「現在」の姿は、15億年以上先になってわれわれの子孫のもとに届くことになるのです。もっとも、クェーサーが明るく輝いている期間はそれに比べるとずっと短いかもしれませんから、15億年後の子孫が観測したときには、クェーサー３Ｃ２７３はとっくの「昔」に、なくなっている可能性もあります。

こんなふうに、クェーサーの発見とそれにつづく数多くのクェーサーの探査により、われわれが知ることのできる宇宙の姿、その範囲は、空間的に大きく広がったばかりではなく、時間的にも広がって、われわれは、宇宙の歴史を大きくさかのぼることができるようになったのです。

もっとも遠方にある、もっとも古い時代のクェーサーを見つけようという目標は、多くの天文学者の熱意をかきたてました。さまざまな手法により、もっとも遠いクェーサーの赤方偏移は、3・5（1973年）、4・4（1987年）、4・9（1991年）、5・8（2000年）と更新され、2002年9月現在、6・4となっています。最遠の赤方偏移6・4とは、いまから約125億年前、宇宙の大きさが現在の約7分の1、ビッグバンから最初の数億年がようやくすぎたばかりの時代にまでさかのぼったことを意味しています。また、見つかったクェーサーの総数も、全天（南北両半球の空を合わせた空全体）で、数万個にも達しました。

点状に見えるほどの小さい天体ながら、母体となる銀河全体の数十倍以上もの明るさとなるクェーサー。それは、宇宙の果てに灯された燭光《しょっこう》といえます。まさにこのクェーサーを知り、探査をおこなうことで、われわれが実際に観測することのできる宇宙の果ては、10億光年、50億光年、そして100億光年へと広がってきたのです。

口絵㉚は、すばる望遠鏡がファーストライト（最初の観測）を迎えたとき、当時もっとも遠いクェーサーとして知られていた天体を近赤外線カメラを用いて撮像したものです。

◎大昔に起こったクェーサーの〝人口爆発〟

クェーサーとは、たとえれば水力発電所のようなしくみになっています。クェーサーの母体となる銀河の中心には質量が太陽の数億倍もあるような巨大なブラックホールがあり、そこに銀河のなかのガスが、毎年太陽1個分くらいの割合で落下してゆきます。このときに解放されるエネルギーによって輝く現象がクェーサーであることが、これまでのくわしい観測からわかっています。

なぜ最初の数十億年がピークなのか

太陽の数倍くらいの重さのブラックホールは、太陽より10倍以上も重い星が、その寿命《じゅみょう》を終えて、超新星爆発を起こすときにつくられると考えられています。単純計算では、太陽の数億倍の質量のブラックホールをつくるには、星が1億個くらい超新星にならないといけませんから、これはとても大変なことのように思えます。しかし、心配はご無用。天の川のような銀河には、いまでも2000億個くらいの星が存在します。つまり「銀河ができた」ということは、いずれにせよ数千億の星が生まれ、また、そのなかで寿命の尽きた星が、次々に死んでゆくということを意味します。

おそらく、銀河が生まれようとする頃、最初に激しい勢いで次々と生まれた何十億、あるいは何百億の恒星の残骸《ざんがい》から、太陽の数百万倍、あるいは数千万倍の質量をもつ巨大ブラックホールの〝タネ〟が形成されました。さらに、当時は豊富にあった星になる前のガスがどんどんそこに落下して〝タネ〟を太らせて、最後には太陽数億個分の質量をもつ巨大ブラックホールが銀河の中心に形成されていったのだと考えられます。現在では、天の川を含む大きな銀河は、どれもその中心に巨大ブラックホールをもっており、かつてクェーサーとして輝いていた時期があったのではないかと考えられています。

さて、クェーサーは、現在の宇宙から赤方偏移が6を超えるような125億年以上前の宇宙の地平線に近いところまで、ずっとつづけてその存在を観測することのできる、非常に希有《けう》な天体であるともいえます。そこで、たとえば、クェーサーの出現率

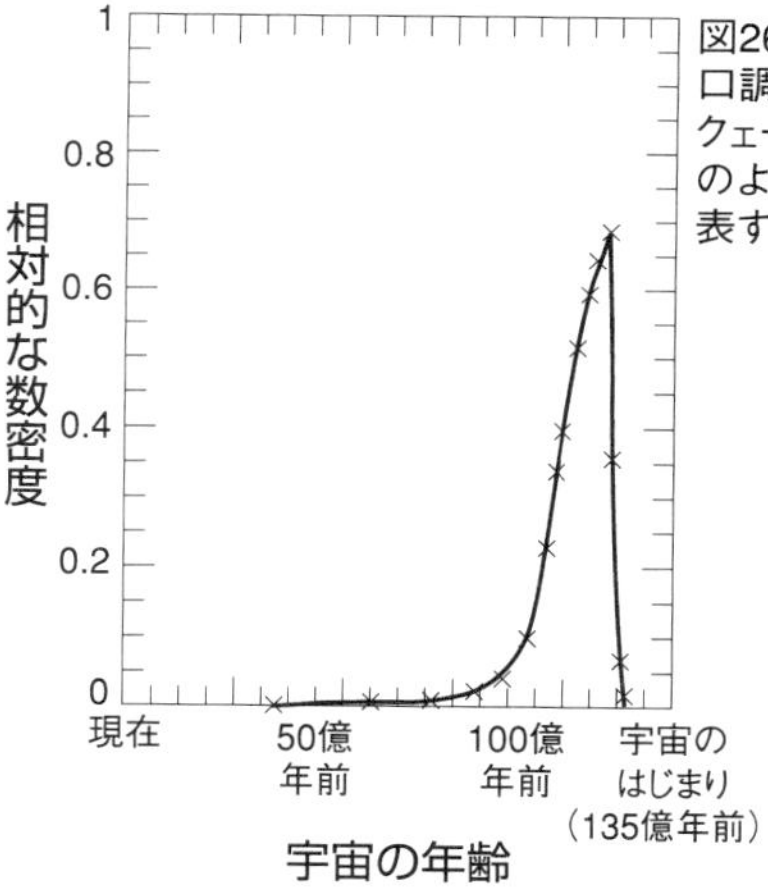

図26　クェーサーの "人口調査"　宇宙誕生以来、クェーサーの出現頻度がどのように変化してゆくかを表す

（クェーサーの〝人口調査〟のようなもの）を、宇宙の歴史全体にわたって見てゆくなどという、たいへん興味深い研究をやってみることができます。

図26は、明るいクェーサーが出現する頻度（つまり個数密度）が、宇宙がはじまってから時間の経過とともにどう変わってゆくのか、という観測結果を示したものです。驚くべきことに、クェーサーは、宇宙がはじまってから最初の数十億年のあいだに、急激にその姿を数多く現します。クェーサーの〝人口爆発〟が起こっていたのです。そして、大きな１つのピークをへた後、ゆるやかにその〝人口〟は減少して現在に至っていることがわかります。

現在の宇宙では、昔（100億〜120億年前）と比べると、「立派な」クェーサーは、ほとんど見あたらなくなっています。

銀河の誕生を告げる光だった

じつは、この話のなかでもっとも大切な点は、宇宙の歴史におけるクェーサーの人口曲線が、「1つのピーク」をつくっていることです。これは、とりもなおさず、クェーサーという現象がたまたま宇宙のどこかで現れるというものではなく、宇宙全体の発展と深く結びついている物理的現象である、ということです。明るいクェーサーの出現する頻度がピークに達するのは、赤方偏移が2〜2・5、現在から約100億〜110億年をさかのぼった時代です。これはいったい何を意味しているのでしょうか？

そのヒントは、現在に近い宇宙に存在するクェーサーや銀河の観測からも与えられています。口絵㉛はハッブル宇宙望遠鏡によって観測された、比較的近傍《きんぼう》（といっても3C273くらいの距離）のクェーサーの「母銀河」、つまり中心にある巨大ブラックホールのまわりの銀河の様子を表しています。

この口絵㉛を見てわかるように、クェーサーの母体となっている銀河の姿は、多くの場合、われわれがよく知る円盤渦巻き銀河や楕円《だえん》銀河の形とは異なっており、「銀河同士の衝突《しょうとつ》や合体」を示すような、かなりいびつな形をしています。

ガスを含んでいる巨大な銀河同士が衝突を起こすと、そのガスは、相手の銀河の巨大な質量による重力によってゆさぶられ、不安定な状態になって銀河の中心付近に落ち込んでゆきます。このガスが、銀河の中心に存在する巨大なブラックホール、あるいはその〝タネ〟に落下して、クェーサー現象となったと考えられます。

このように大量のガスが銀河の中心部に集まってくるという現象は、衝突・合体に限らず、銀河が生まれつつある時期においては、自然に予想されるものとなっています。宇宙の果てで輝くクェーサーは、「まさに形成されつつある銀河」の場所をわれわれに告げてくれているのではないか、とも考えられるのです。

◎あこがれの「原始銀河」をついに発見！

1995年の春、すばる望遠鏡がまだ登場していないときの話です。このとき、本書の著者の一人である山田は、長野県・南牧村《みなみまき》にある国立天文台・野辺山《のべやま》宇宙電波観測所の観測室に座り、ドキドキしながらコンピュータ・ディスプレイのなかを見つめていました。そのとき、宇宙の果てにある「原始銀河」かもしれない天体からの信号が、そのディスプレイのなかで形を表しつつあったからでした。「原始銀河」、すなわち銀河が「まさに生まれつつある現場」、と呼べる天体をとらえることは、天文学者の夢を大きく駆り立てる目標だったのです。

「生まれたての銀河」はどこだ？

いま、われわれのすぐそばの宇宙を見渡せば、天の川と同じような銀河、立派な形をした円盤渦巻き銀河や楕円銀河がたくさんあります。現在の銀河は、いってみれば多数の恒星とそれに比べると比較的少量のガスやチリの集まりですが、これらの恒星は最初から恒星だったわけではありません。最初はすべてガスだったはずです。宇宙の歴史のなかのどこかで、それぞれの銀河のなかで星がつくられてきた、あるいは、銀河自体がつくられてきたはずなのです。

「原始銀河」あるいは「生まれたての銀河」はどんな性質をもっているでしょうか。原始銀河は非常に多くの星がこれからまさに生まれようとするところなので、その材料となるガスやチリを非常に多く含むことが考えられます。また、すでに大規模な星の形成がはじまりつつあるとすると、生まれたての、質量が太陽の数倍以上もある重い星もたくさんあるはずなので、とても強い紫外線《しがいせん》も出しているでしょう。

この強い紫外線をとらえようという努力は、70年代、80年代を通じておこなわれてきたのですが、90年代に入っても、そのような原始銀河の候補と呼べる天体、初期の宇宙での若い銀河は見つかっていませんでした。これは紫外線は形成中の銀河内部のチリによって吸収されてしまい、外から見るとずっと暗くなってしまっているからかもしれないと考えられていました。

クェーサーがあるところが原始銀河⁉

さて、いつまでたっても原始銀河が見つからないのはなぜだろうと考えていた研究者らは、「もしかしたら原始銀河はすでに見つかっているのかもしれない⁉」というやや逆説的な考えを思いつきました。

1995年当時、クェーサーは、すでに宇宙のはじまりにかなり近いといえる、赤方偏移5付近（約125億年前）のものまで知られていましたが、一方、そのような高赤方偏移において、クェーサーと銀河とのあいだにどんな関係があるのかについては、じつは、ほとんどわかっていませんでした。

「クェーサー（巨大ブラックホール）は、もしかしたら、生まれつつある銀河のなかに現れるのではないか……」

142ページの図25でもわかるのですが、遠方の宇宙のクェーサーが非常に明るく輝いていると、目で見える波長の光では、その周囲で起こっている現象、つまり銀河本体の様子はよくわかりません。ところがその頃、フランスやイギリスの天文学者によって、このような高赤方偏移クェーサーに含まれるチリが熱くなって出る波長の長

図27　野辺山宇宙電波観測所の10m電波干渉計（1995年当時）

い赤外線（熱輻射《ふくしゃ》）を検出した、という報告が出はじめたのです。チリが出す光は、もともとは紫外線として放射された光をチリが吸収して再放射したものです。チリからの赤外線がたくさん出ているということは、生まれたての星からの紫外線が大量にあったということを意味しているのかもしれません。がぜん、遠方宇宙のクェーサーはもしかしたら、周囲にガスやチリを非常に多く含み、生まれたての星がたくさんあるという原始銀河をともなっているかもしれない、という可能性が大きくなってきました。

そこで、天文学者たちは、野辺山宇宙電波観測所の10メートル電波干渉計（図27）を用いて、赤方偏移4・7、当時知られていたなかでは3番目に遠い（宇宙のはじまりに近い）、BR1202−

0725と呼ばれる天体から出る一酸化炭素の出す電波をとらえようという観測をはじめました。

一酸化炭素は、水素分子ガス中に少量存在し、水素分子との衝突によってエネルギーを少しもらいます。もらったエネルギーは、電波を放出することによって逃がします。その電波を検出できれば、その強さなどから、クェーサーの母天体にどれほどの量の水素分子ガスが存在するのかを明らかにすることができるのです。つまり、一酸化炭素が電波を出す↓水素分子ガスが存在する↓そこは原始銀河！　という論法です。

ちなみに、宇宙のはじまりからある水素のガスのなかに、炭素や酸素の原子（一酸化炭素はCO、つまり炭素原子と酸素原子が1個ずつからできている分子）が多少なりとも存在するということは、銀河は、まっさらの生まれたてではなく、ほんの少々すでに星をつくりはじめていることを意味しています。

宇宙の果てから届いた電波

宇宙の果てにほど近い、非常に遠方の天体からの、とてもとても微弱な電波を検出するわけですから、観測にはたいへんな時間がかかります。実際に観測をはじめたのは、1994年のことでした。この年の観測では、「それらしい」信号が検出され、観測者はみな興奮したのですが、十分な信頼性を得るためには、さらに倍近い観測時間をつぎこむ必要があると判断されました。

そして1995年春、ようやく、宇宙の果てにあるクェーサー母天体からの電波信号が、十分な信頼性をもって検出されたことを示す図が、観測室のコンピュータ・ディスプレイのなかに描き出されていたのでした（口絵㉝）。

そのとき、著者（山田）が座っていた観測室の窓からは、八ケ岳の雄大な風景をバックに、まさにクェーサーの方向を向いて並んでいる5台の宇宙電波干渉計が見えていました。

「宇宙の果てから、130億年かけて旅をしてきた電波が、いま、電波望遠鏡のアンテナでとらえられているのだ」

と実感される瞬間というのはまさに、天文学者冥利《みょうり》に尽きる瞬間だといえるでしょう。

検出された一酸化炭素の電波輝線の強度から、水素ガス分子の質量が推定され、研究チームは、BR1202−0725には少なくとも太陽の1000億倍もの質量の水素ガスが存在すると結論しました。銀河全体の質量の何割にあたるのかはまだわかりませんが、ともかく、これほど大量のガスをもつ天体が、宇宙がはじまってわずか数億年の時代に存在したことが明らかになったのです。まさしく、「生まれつつある銀河」、つまりは「原始銀河」を検出することができたといってもよいでしょう。

このような例を目の当たりにすると、おそらく、われわれ自身の銀河である天の川銀河が誕生したときも、きっと、その中心には明るく輝くクェーサーがあったのではないかとも考えられます。

惜《お》しむらくは、このような遠方の宇宙では中心のクェーサーが明るすぎて、母天体である銀河がどんな大きさか、また、どんな形をしているのかを知ることは、なかなか容易ではありません。これを解明するため、すばる望遠鏡などを用いた観測が、現在もつづけられています。

◎宇宙観測ならすばるにお任せ！

クェーサーの周囲に「原始銀河」とおぼしき天体が発見されはじめていた頃、つまり1995年頃まで、赤方偏移が2以上の天体、すなわち100億～130億年前の時代の宇宙において知られていた天体は、ほとんどがこのようなクェーサーか、またはその亜流である「電波銀河」という天体に限られていて、われわれの天の川のような銀河、あるいは、まだ見ぬその祖先の銀河がどんなふうな姿をしているのかは、まったくの謎に包まれていました。

巨大望遠鏡だからこそできる観測

クェーサーは宇宙の灯台の役目を果たし、われわれの知ることのできる宇宙を大きく広げてくれましたが、「点」から「点」の情報しか与えてくれません。実際の出現の頻度（見た目の個数）でいうと、明るいクェーサーは、天の川のような銀河の１０００個に1個の割合でしか観測されないくらい、とてもまれな天体でした。これは、クェーサーが非常に特殊な銀河にしか現れないのか、または、普通の銀河の誕生時などにも輝くけれど、それは銀河の寿命に比べると１０００分の1くらいの短い時間しか輝かないかのどちらかを意味していると考えられます。

遠くの海岸線にポツリ、ポツリと並ぶ灯台の明かりを見ると、そこに海岸があるのはわかりますが、どんな港や街があり、そこでどんな人々がどんなふうに暮らしているのかまではわかりません。それと同じように、クェーサーを見るだけでは、１００億年以上前の宇宙がどんな様子だったのか、ほとんどわからなかったのです。

ところが、この状況は、１９９６年、数年前から稼働をはじめていたケック10メートル望遠鏡（アメリカ、ケック財団の寄付によって建設されたので、その名を冠《かん》している。カリフォルニア工科大学、カリフォルニア大学によって運用されている）の登場によって、ついに打ち破られることとなりました。１９９６年、カリフォルニア工科大学のスタイデルらは、赤方偏移3（１１０億年前）を超える銀河を30個あまり発見したという報告を、アストロフィジカル・ジャーナル誌に発表したのです。これこそ、新世代の大望遠鏡によって、人類の視野がついに本当の初期といえる宇宙へと広がったことを示すものでした。

若い時代の宇宙においては、銀河もまた、生まれたての銀河や若い銀河ばかりのはずです。ここでいう「銀河が若い」とは、まだ、銀河のなかでどんどんガスから星ができている状態にあることを意味します。すると、寿命の短い、太陽よりは数倍重い星も多く生き残っていて、強い紫外線を出しているはずです。70年代、80年代、そして90年代の初めまで、なかなかとらえることのできなかったこの紫外線が、10メートル級の望遠鏡の出現によって、ようやくはっきりと観測することができるようになったのです。

110億年前の銀河を取り出す仕掛け

大望遠鏡で宇宙を見ると、ちょうどハッブル・ディープ・フィールド（口絵㉒）のように、非常にたくさんの暗い銀河が観測されます。このなかには、当然、いろいろな距離（いろいろな時代）にある、いろいろな明るさの銀河が混ざっています。

じつは、このなかから110億年前の銀河だけを取り出すような、ちょっとした仕掛けがあるのです。110億年前に若い銀河を出発した光は、途中、ほとんど邪魔をされずに、110億年という気の遠くなるような時間をかけて、われわれの目（正確にいうと、ケックやすばる望遠鏡のカメラですが）に届きます。あたりまえのことですが、光が途中にある物質によって吸収されたり、「散乱」といって方向を変えられたりしてその進行を邪魔されてしまうと、もはやわれわれには見えなくなります。つまり、遠方の銀河が「見える」ということは、その光が邪魔されずに届いたということを意味しているわけです。

銀河自体も、直径が10万光年というちょっと想像しがたいような巨大なシステムですが、銀河と銀河のあいだには、その何倍も大きく、ほとんど何も見あたらないような空虚な空間が広がっています。一見すると、そこには、銀河の光をさえぎるものは何もないように見えます。ところがよく見ると、銀河になれなかった、もしくはこれから銀河になろうというような、とてもうすい水素ガスの雲が多数存在しており、さらにその頻度は、100億年前にさかのぼると、かなり大きくなることが知られています。

このような希薄《きはく》な水素ガスは、紫外線から電波まで、ほとんどの光（電磁波）を通

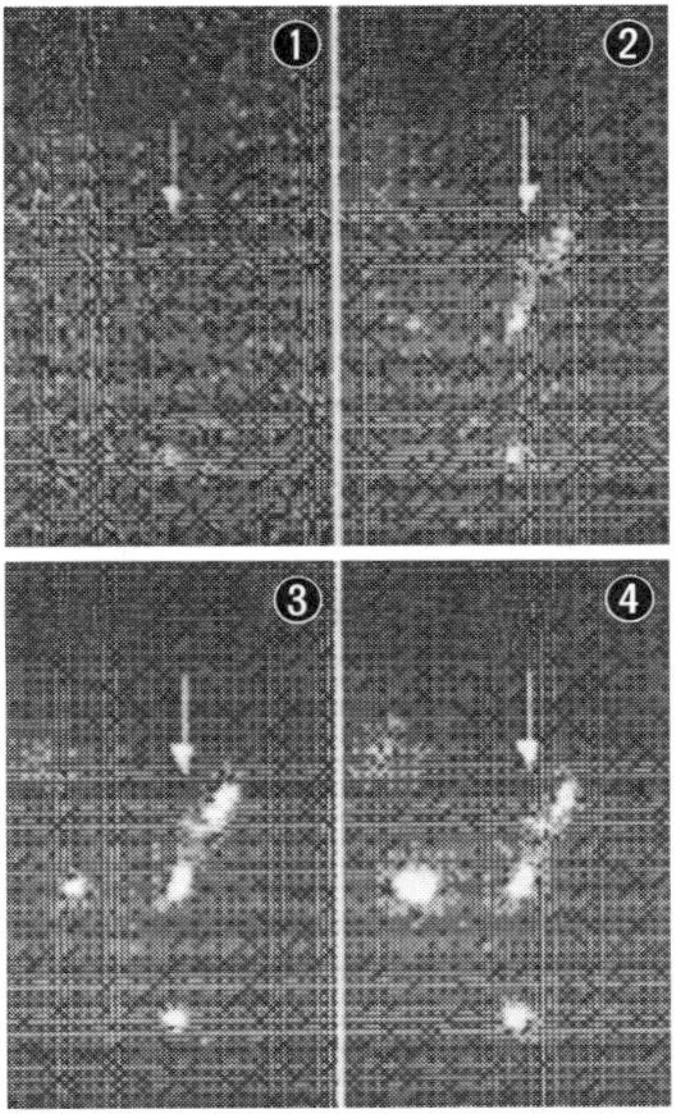

図28　波長によって姿が見え隠れする銀河　912Å（オングストローム）より短い波長（①紫外線）として届く光は、途中の水素ガスに吸収されて見えない。912Åより長い波長として届く光（②→③）を観測していくにつれ110億年前の銀河が徐々に姿を現し、向こうの銀河で2000Åに相当する近赤外線画像（④）ではよく見える

過させるので、たいてい遠方銀河を観測する邪魔にはなりません。しかし、波長が912オングストローム（1オングストローム＝1000万分の1ミリメートル）より短い紫外線だけは特別で、希薄なガスのなかの水素原子によって強く吸収されてしまうので、われわれの目には届きません。この紫外線はちょうど、陽子と電子1個ずつからできている水素原子から、電子を引きはがす（電離。223ページ図35参照）のに必要なエネルギーをもつ光の波長に対応して

いるのです。

110億年前の銀河を見ると、912オングストロームに相当する波長よりも長い波長（赤い色）の光で見るとちゃんと銀河が見えているのですが、それより短い波長（青い色）で見ると、急に銀河が消えてしまいます（図28）。つまり、ハッブル・ディープ・フィールドに見られるような多数の銀河のなかから、こんな性質（色）をもつ銀河を取り出せば、110億光年を超えるような太古《たいこ》の宇宙からの光をとらえる確率が、とても大きくなるのです。

その後、こうして選び出した若い銀河の本当の距離、つまり赤方偏移を求めるためには、銀河の波長スペクトルをくわしく調べる必要があります。ところが、実際にこのような方法で発見された遠方の銀河からの光は非常に暗く、それまでの口径4メートル級の望遠鏡では、波長スペクトルを観測することは非常に難しかったのです。

スタイデルたちは、新しいケック10メートル望遠鏡を使うことにより、初めてこのような天体のスペクトルを観測することに成功し、赤方偏移が3を超えるような110億年前の銀河であることを証明することができたのでした。

すばる最大の武器「シュプリーム・カム」

その後、2000年に本格的な稼働をはじめた、われらがすばる望遠鏡も、このような高赤方偏移の若い宇宙の探索に、大きな威力を発揮しています。

ケック望遠鏡やハッブル宇宙望遠鏡と比べたときの、すばるの最大の武器は、宇宙のより大きな領域を一度に観測できる、広視野の撮像能力にあります。

すばるは、ほかの8〜10メートル級の望遠鏡には装備されていない、「主焦点《しゅしょうてん》」（主鏡の真上にある場所）での観測をすることができます。そしてここに、「主焦点広視野カメラ」、またの名をSuprime Cam（シュプリーム・カムと読みます。「最高」を意味するSupremeという英語と、Su-baruのPrime-Focus、つまり主焦点という意味の英語を、やや苦しまぎれに組み合わせたような、面白いネーミングです）というカメラをもっていて、これを用いると30分角、ちょうど満月1個分くらいの夜空を一度に観測できます（口絵㉞）。

空をぐるり一周すると、その角度は360度になりますが、1分角というのは1度の60分の1の大きさの角度です。ちなみに、1秒角というとさらにその60分の1、1度の3600分の1の角度を表すのに使います。すばるはハッブル宇宙望遠鏡の、じつに150倍の広さの夜空を一度に見ることができるのです。シュプリーム・カムは、デジタルカメラなどではおなじみのCCD（電荷結合素子）を使って天体画像を記録します。市販されているデジカメが、やれ、200万画素だ、300万画素だと宣伝されているのと比べて、シュプリーム・カムは、なんと約8000万画素というケタ違いの画素数をもっています。いわば、「究極のデジカメ」なのです。

これが遠方宇宙の探索にどれだけ力を発揮するかというと、シュプリーム・カムで数時間観測するだけで、その視野のなかに、120億〜130億年前の銀河が数百個もとらえられているのです。遠方宇宙の探索は、もはや限られた狭い場所を手探りで調べるのではなく、宇宙の平均的な描像に大きく迫るような巨大な空間を、一網打尽《いちもうだじん》にすることができるようになったのです。

いくつかの観測チームが、すばる望遠鏡で、スタイデルらと基本的には同じような手法を用いて遠方銀河の探索に乗り出し、さっそく赤方偏移が4を超える120億〜130億年前の宇宙に存在した若い銀河を数百個見つけ出すことに成功しています。

銀河が生まれやすい場所が判明

このような観測から、宇宙のどのような場所に若い銀河がどれくらいの頻度で存在していて、そのなかでどのような割合で星をつくり出しているかを知ることができます。

典型的な値をあげてみると、これら大昔の若い銀河は、全体としては、天の川銀河クラスの銀河と同じくらいの頻度で宇宙に存在していることがわかります。クェーサーなどと比べると、ずっとずっと、ありふれた存在です。

ところが、それぞれの銀河のなかで星が生まれている割合は、現在の天の川銀河の少なくとも100倍以上、おそらくは1000倍くらいの激しい勢いに達していることもわかっています。これら若い銀河は、現在の宇宙で見られる銀河の「祖先」と呼べるものの姿なのではないでしょうか。いよいよわれわれは、110億年の時をへだてた、銀河の〝ご先祖〟と対面することになったわけです。

また、スタイデルのグループや東京大学のグループは、このような若い銀河の空間分布には、かなり偏《かたよ》りがあることを突き止めています。つまり、同じ110億年前の宇宙でも、銀河がたくさん見つかる場所もあれば、そうでない場所もあるということです。

このような宇宙のはじまりに近い時代は、〝銀河の骨格（構造）〟となるダークマターにせよ、ガスなどの普通の物質（バリオン）にせよ、全体としては比較的のっぺりとした、密度のムラの小さい段階にありますから、これは銀河が誕生する効率が場所によって異なっていたことを意味します。

この110億年前の宇宙においては、銀河が比較的効率よくたくさん生まれている場所とそうでない場所があり、すばるの観測により、まさに若い銀河が多く存在する「銀河の形成が進んだ領域」の構造が見えつつあるとも解釈できるでしょう。

地球上でも人類の文明は、まったく同時的に一様に起こったのではなく、まず、黄河やナイルのような、大河のほとり、すなわち文明が「生まれやすい」場所からはじまって、やがて地球上全土をおおい尽くすようになってゆきました。

宇宙の歴史のなかでも、銀河は初めは「生まれやすい」場所から多く生まれてきたようですが、宇宙の場合、銀河が生まれやすかった場所とは、ほかよりも、ちょっと密度のムラが濃くなっていた場所に相当します。それは、より大きなスケールで銀河の密度が高い領域、すなわち「銀河団」へと発展してゆくような領域だったというふうに考えられています。

巨大水素ガス雲は銀河誕生の場

そのような銀河の生まれやすい場所では、実際にどんなことが起こっているでしょうか？　巨大な銀河がまさに誕生している現場と考えられる領域のくわしい様子を、すばるが観測した例をご紹介しましょう。

口絵㉜は、110億年前の宇宙にある巨大水素ガス雲の姿を、シュプリーム・カムと特殊なフィルタを用いてとらえたものです。これらの2つの巨大ガス雲は、それぞれの大きさが、さしわたし60万光年にも及びます。これは、天の川銀河の大きさの6倍近くに相当するのです！　㉜の画像では、われわれのお隣にあるアンドロメダ銀河（距離230万光年）を、仮にこの天体と同じ距離（110億光年、赤方偏移＝3・1）に持っていった場合の大きさと比べてみましたが、その巨大さが実感できるのではないでしょうか。

ガス雲の構造の様子から、過去数千万年のあいだに、現在の天の川銀河と比べて数百倍もの割合で、超新星爆発が起こっていたのではないかと推定されます。巨大な銀河の誕生の現場では、このような大きなスケールのあちらこちらで、軌《き》を一《いっ》にした激しい星形成が起きていたかもしれないのです。

じつは、この天体は、前述のスタイデル博士らによって発見された110億年前の宇宙のなかで、銀河の密度の高い領域のほぼ中心に位置しています。すばる望遠鏡の広い領域の観測でも、これらの天体がたいへんユニークなものであることがわかってきています。

◎すばるがとらえた太古の宇宙パノラマ

すばる望遠鏡には、シュプリーム・カムを使った観測のように一度に広い夜空を観測できるという能力のほかにもう１つ、非常にシャープな解像度で天体の像をとらえることができる、という特筆すべきすぐれた能力があります。ここでは、この能力を用いてとらえられた、１１０億年前の銀河の姿のクローズアップを紹介しましょう。

天の川のような銀河の祖先はどんな姿をしているでしょうか？　現在の宇宙で見られるのと同じ、きれいな渦巻きをもつ円盤銀河や楕円銀河が存在しているのでしょうか？　それとも、若い宇宙で銀河が生まれ、そして成長しつつあるその現場を見ることができるのでしょうか？

遠方銀河の光は赤外線となって届く

われわれが日頃見なれている銀河の姿は、可視光、つまり人間の目でよく見ることのできる波長が5000オングストローム程度の、色でいうと「緑色」付近に相当する波長の光で見たものです。ところが、遠方宇宙にある昔の銀河は、宇宙の膨張によって非常に速い速度でわれわれから遠ざかっているので、ドップラー効果によって大きな赤方偏移をもつことは、これまでにもくり返し述べてきました。

つまり、遠方の銀河が可視光の波長をもつ光を放ったとしても、われわれのもとに届いて観測されるときにはその波長が伸びてしまって、人間の目には見えない赤外線の光になってしまうのです。たとえば、赤方偏移が3（110億年前）にある銀河の場合、銀河から出た波長5000オングストロームの「緑色」の光は、波長が（1＋3＝4で）4倍になって、2ミクロン（＝2万オングストローム）の赤外線として、われわれの元に届くことになります。

そんなわけで、太古《たいこ》の銀河の可視光での姿をとらえようとすると、波長の長い近赤外線での観測が必要となります。そこで、すばる望遠鏡の近赤外線カメラCISCO（シスコと読みます。自分のつくった装置のために格好いい名前を考えるのは、じつは天文学者の楽しみの1つでもあります）の出番です。

われわれの観測チームは、ＣＩＳＣＯを用いて「ハッブル・ディープ・フィールド」を丸2晩ひたすら観測し、のべ10時間にわたって、宇宙からやってくる赤外線を記録しつづけました。ＣＩＳＣＯはＣＣＤによく似た赤外線の検出装置をもっていて、一度に2分角四方という、ハッブル宇宙望遠鏡の可視光カメラと同じくらいの空を見ることができます。この結果得られた、１１０億年前の銀河の姿のクローズアップを次に示しましょう。

１１０億年前の銀河の様子

図29は赤方偏移が3付近、つまり１１０億年前あたりの宇宙に見られる銀河の姿を、違う波長で観測したものを比べたものです。左列は、ハッブル宇宙望遠鏡の可視光での観測、つまり銀河から出たときには波長の短い紫外線をとらえたものを示しています。紫外線は、主として寿命の短い大質量星から放射されるので、これらは現在星が活発に生まれつつある場所を示しています。

これに対して、右列は、すばるのＣＩＳＣＯを用いてとらえた同じ銀河の赤外線画

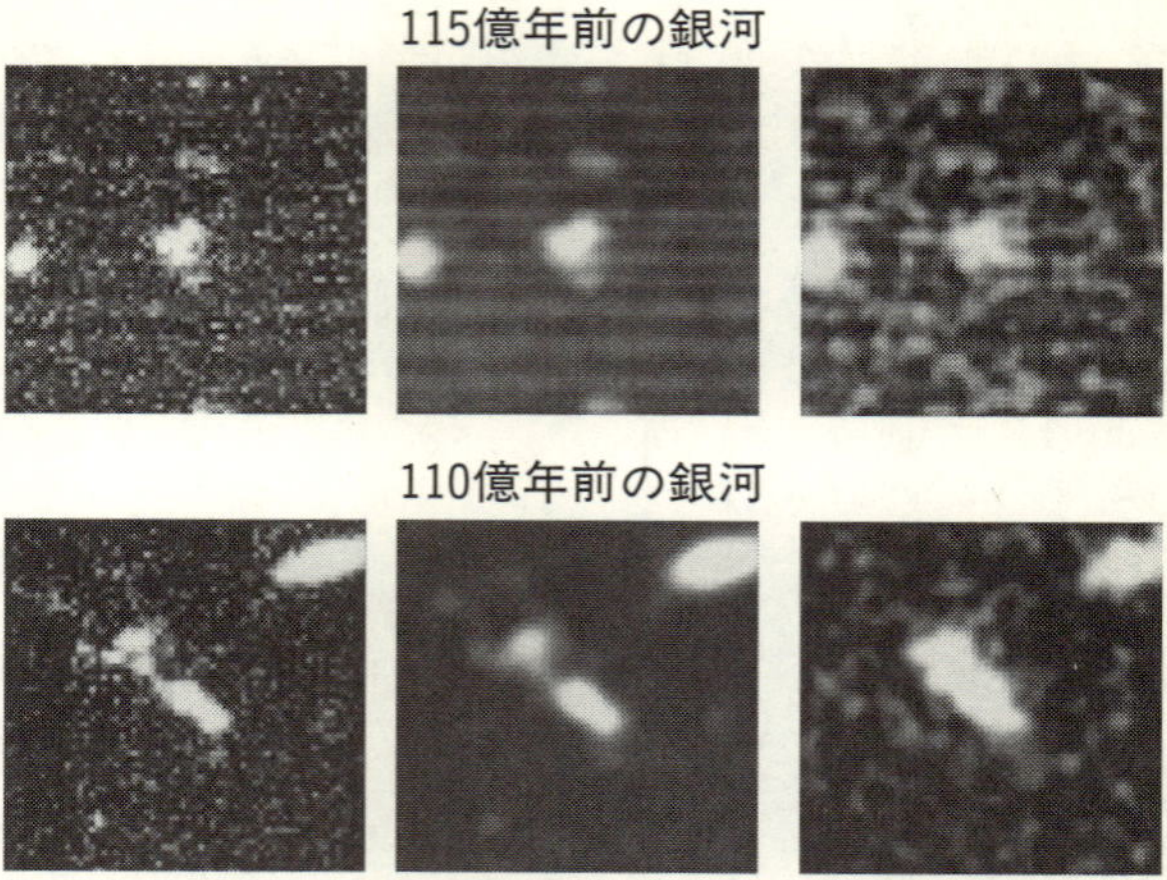

図29　左列はハッブル望遠鏡による可視光（=赤方偏移する前は紫外線）での観測。星が活発に生まれつつある場所を示している。右列は同じ銀河をすばる望遠鏡の赤外線（=赤方偏移前は可視光）での観測。銀河全体の姿をとらえている。真ん中の列は左列の画像を右列に合わせてややぼかしたもの。110億〜115億年前の銀河は、紫外線で見ても可視光で見ても同じような形をしていることがわかる

像、つまり、われわれが近傍の銀河の形を見るのと同じように、銀河から出た可視光の光でとらえたものです。こちらは、すでにこれまでつくってきた星を含めた銀河の全体的な姿を表しています。

真ん中の列は、左列のハッブルで見た銀河の姿をすばるの解像度に合わせてややぼかしたもので、右列のすばるの像と直接見比べることができるようにしてあります。

この図から、１１０億年前の銀河の姿は、どちらかというと円盤銀河や楕円銀河のようなはっきりとした特徴的な形を示しておらず、現在の宇宙の銀河に見られる華麗《かれい》な渦巻き腕なども見られません。また、紫外線で見ても可視光で見ても同じような形をしていることがわかります。ここから、当時の銀河は、生まれつつある若い星の世代が主体となっていることも見て取れます。もし古い星が多くあると、それらはあまり紫外線を出さずおもに可視光を出すので、紫外線と可視光では違った姿に見えるはずだからです。

これまで、数十個の赤方偏移の大きな銀河について、これと同じようなシャープな画像が得られており、これらのデータから、

（１）１１０億年前の銀河には、明確な円盤渦巻き構造や、巨大な楕円構造など、近傍で見られる銀河の「ハッブル系列」（61ページ参照）は認められない

（２）１１０億年前の銀河のなかで、それまでにつくられた恒星の質量は、多くても現在の天の川銀河の約10分の１程度である

ことが明らかになっています。

つまり、１１０億年前の宇宙にはすでに銀河は存在するが、それらの若い銀河の多

くは、現在の宇宙で見られる天の川などの銀河と同じような形状や大きさの銀河ではなかった、ということです。

この結果は、すばるによる「ハッブル・ディープ・フィールド」の観測からわかったわけですが、このような非常に遠い宇宙まで見通す探査領域は、まだまだ夜空の非常に限られている場所でしかありません。前節でもふれましたが、たとえば、100億年以上も昔の宇宙でも、場所によって、銀河が先にできているところや、後からできてくるところがあるかもしれません。

今後、シュプリーム・カムなどを用いた観測によって、より広い空の領域（つまり、より広い宇宙）で遠い宇宙の探査がおこなわれ、大昔の宇宙の姿がどんどん明らかになってゆくと期待されています。すばるを使った太古の宇宙のパノラマ観測は、現在も進行中です。

第４章
宇宙のしくみはここまで見えた
(50億～100億年前)

銀河のタネは成長し、100億年をさかのぼるころ、ついに現在見られるような円盤渦巻き銀河や楕円銀河が観測されるようになります。そして、次第に現在のような宇宙の姿に近づいていくようです。

このような銀河の形態変遷《へんせん》を「銀河の進化」と呼びますが、その進化の様子は、宇宙のなかでの環境、つまり、銀河密度の高いところ（初期のゆらぎがたまたま大きかったところ）とそれ以外のところでは、かなり違っているようです。

この章では、構造形成が進んできた50億～100億年前の宇宙について、まず、ハッブル・ディープ・フィールドにおける銀河の進化、そして、すばる望遠鏡などがとらえた原始銀河団の姿の移り変わりを追いかけます。

✲銀河の個性が出てくる100億年前

この章から、少し宇宙の時計の針を進めて、やや現在に近づいた、50億〜100億年前の宇宙の姿を見てみましょう。このあたりの時代になると、すばる望遠鏡やハッブル宇宙望遠鏡などによって、ひとつひとつの銀河の姿・形が、かなり細かいところまで観測できるようになり、よりくわしい性質がわかってきます。

遠方銀河はわれわれの過去を映す鏡

銀河にも円盤渦巻き、楕円《だえん》、不規則などさまざまな形、大きさ（質量）があるわけですが、われわれがまず興味をもつのは、自分たちが住んでいるこの太陽系を含む「天の川銀河」のような銀河が、どのように誕生し、進化してきたのか、ということでしょう。天文学者も、時間をさかのぼり、遠方の宇宙を探索してゆく場合に、なにはさておき天の川銀河と同じような銀河の姿の移り変わりを調べてゆくことに興味を覚えます。

「進化」などというとすぐにダーウィンの「進化論」などを思い浮かべてしまいますね。もちろん銀河は生物ではないのですが、天文学者は、百数十億年という（文字どおり）天文学的な時間のあいだに、銀河がその全体的な性質を変えてゆくことを、「銀河の進化」と呼んでいます。

ここで大切なことですが、赤方偏移《せきほうへんい》が大きな天体を観測して銀河の歴史を「この目で見る」ことができる、というと、あたかもタイムマシン、いやタイムスコープというべきか、そんな道具を使っているような気持ちになります。これは、ある意味では正しい言い方なのですが、じつは、われわれは「自分自身」の過去の姿は、けっして直接見ることはできません。遠方の宇宙を観測して見える銀河の姿とは、「われわれと同じような宇宙のどこかの場所にある銀河」の、太古《たいこ》の姿にほかなりません。

ただ、宇宙は、おそらく平均的にはどこでも同じような姿をしているらしい（宇宙原理）ので、「遠い宇宙にある平凡な銀河の昔の姿は、きっと身近にある平凡な姿の銀河の過去によく似たものにちがいない」と考えているのです。「遠方宇宙の銀河を見て、本当にこの銀河の昔の姿だと思えるのか」と懐疑《かいぎ》的になる人もいるかもしれませんが、人間だって、オトナになってから子どもを見て、「あぁ、私も昔はあんなふうだったなぁ」などと思うことがあるでしょう。たとえていえば、それに近いようなことになります。

もっとも、遠方銀河の場合には、過去から届いた光を直接見ているのは確かなので、その意味では「大望遠鏡はタイムスコープだ」という感覚は、それなりに正しいということもできるのです。

これまでにも何度か登場してきた、ハッブル宇宙望遠鏡による「ハッブル・ディープ・フィールド（ハッブル深探査領域）」は、おおぐま座付近の空の一角、しかも満月の100分の1くらいの広さの夜空を、できるだけ深い（古い）宇宙まで見通そうとしたものです。

この領域全体には、約2000個の銀河が検出されており、さまざまな時代のさまざまな銀河が数多く検出されています。ところが、現在の「天の川銀河」と同じか、それよりも大きな銀河、というと結構数が少なくなってしまい、100億年前くらいまでの明るい銀河を数えると、ざっと100個程度になってしまいます。
口絵㉟〜㊱は、30億〜95億年前の宇宙に見られる、「天の川銀河」と同じくらいかそれよりも明るい銀河の姿を、ハッブル宇宙望遠鏡のデータを用いて調べたものです。ハッブル宇宙望遠鏡で観測すると、こんなふうに約100億年前の銀河の形まではっきりとわかってしまいます。

これを見ると、約65億年ぐらい前までは、現在と同じような楕円銀河や円盤渦巻き銀河が普通に見られることがわかります。110億年前の宇宙では、銀河はまだ〝生まれたて〟で、立派な姿・形をもっていなかった（172ページ図29参照）わけですが、数十億年のあいだに、宇宙の至るところで、現在と同じように立派な銀河が姿を現してきたのです。

ひとくちに65億年前と書きましたが、この頃は、われわれの銀河系のなかでもまだ太陽系が誕生しておらず、いわばわれわれ人類は「影も形も」なかった時代に相当します。

生まれたての星が放つ青い光

それでは、100億年前の宇宙では、いったい何が起こっていたのでしょうか？　銀河は、どんなふうにして、立派な楕円形や円盤渦巻き型になっていったのでしょうか？　銀河の進化について、「ハッブル・ディープ・フィールド」の研究結果をさらにくわしく見ていきましょう。

まず初めは円盤銀河（口絵㉟）です。約65億年前には、天の川銀河と同じような明るい円盤銀河は、だいたい現在と同じ程度の数が存在しているようですが、約95億年前までさかのぼると、現在の宇宙の銀河との違いがかなりはっきりと見えてきます。とくに、銀河の「色」に注目すると、ずいぶんと青くなり、いよいよ銀河のなかで「若い星」「生まれたての星」の光が支配的だった時代になっていることがよくわかります。「青くなる」ということは、寿命《じゅみょう》は短いけれどとても明るく青く輝く、太陽より数倍質量の大きな星がたくさん生き残っていることを意味します。寿命が短い星がたくさん観測されるのは、生まれたばかりの星が数多く存在し、銀河が活発に星を生み出しているということです。

この時代、円盤銀河のなかでは次々と新しい星が生み出されてゆき、〝銀河の骨格〟

が次第にできつつあったのではないかと考えられます。おそらく、われらが銀河系、天の川銀河も、１００億年以上前にはずっと激しい勢いで、ガスから星を生み出していたにちがいありません。

楕円銀河のレシピ

次に、われわれの銀河系とはずいぶん形が異なる楕円銀河の進化についても見てみましょう（口絵㊱）。１００億年前から現在にかけて、楕円銀河はどのように変化してきたのでしょうか？

現在の宇宙では、楕円銀河は「銀河団」のなかに多く見られますが、面白いことに、それらはみな、判で押したように同じラグビーボールのような形をしています。また、現在は、新しい星はほとんど生まれておらず、楕円銀河自体はかなり古い星の集団からできているのではないかとも考えられています。

このような楕円銀河の形は、いつ頃、どうやってつくられてきたのでしょうか？

楕円銀河は、円盤渦巻き銀河に比べるとガスやチリもほとんどなく、とてもシンプルな性質をもっており、研究するうえでも扱いやすくてなかなか面白い対象なのです。

おどろくべきことに、「ハッブル・ディープ・フィールド」では、赤方偏移がだいたい1を超える、つまり、85億年程度以上さかのぼると、明るい楕円銀河の数が急に少なくなってしまいます。85億〜95億年前には、立派な楕円銀河の数は、65億〜85億年前の約5分の1くらいしか見つかりません。いい換えれば、80億年くらい前に、急に立派な楕円銀河が次々と誕生しているかのようにも見えます。

これは、この時代、つまり70億〜80億年前には、宇宙のなかで、明るい楕円銀河が「できている場所」と「まだできていない場所」がくっきりと分かれているためではないかと考えられています。

ちょっと難しくなりますが、この点をさらに説明してみましょう（図30）。

宇宙の初めには、物質密度がまわりより高い場所では、銀河などの構造の形成が、ほかの場所よりも早く進みます。楕円銀河は銀河団のなかに多く見られると書きましたが、宇宙初期においては「将来、銀河団になるような場所」では、まさにまわりの領域と比べると、物質密度のデコボコが大きく、そのため銀河もできやすい環境になって、銀河形成が早く進んだと思われます。

銀河はさまざまな大きさのダークマターとガスの塊《かたまり》がつぶれてできますが、つぶ

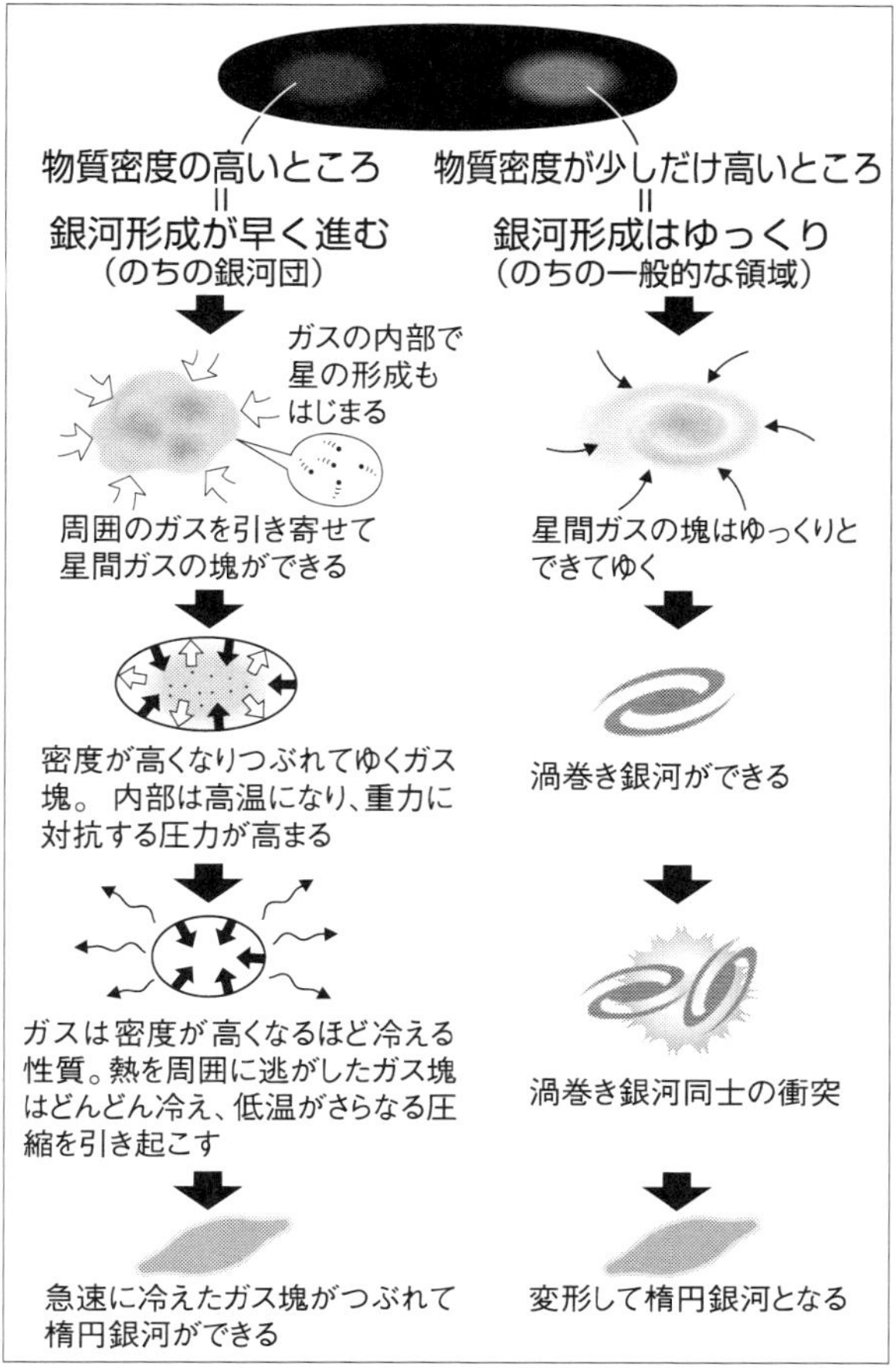
物質密度の高いところ
=
銀河形成が早く進む
（のちの銀河団）
ガスの内部で
星の形成も
はじまる
周囲のガスを引き寄せて
星間ガスの塊ができる
密度が高くなりつぶれてゆくガス塊。内部は高温になり、重力に対抗する圧力が高まる
ガスは密度が高くなるほど冷える性質。熱を周囲に逃がしたガス塊はどんどん冷え、低温がさらなる圧縮を引き起こす
急速に冷えたガス塊がつぶれて
楕円銀河ができる
物質密度が少しだけ高いところ
=
銀河形成はゆっくり
（のちの一般的な領域）
星間ガスの塊はゆっくりと
できてゆく
渦巻き銀河ができる
渦巻き銀河同士の衝突
変形して楕円銀河となる

図30　楕円銀河のでき方

れると温度が高くなって重力に対抗する圧力が大きくなります。さらにつぶれて銀河となるためには、ガスの熱を、まわりの宇宙空間に逃がしてやらなければなりません。一方、ガスは、密度が高ければ高いほどよく冷える性質です。銀河が宇宙の早い時期にできればできるほど、（宇宙膨張のため）宇宙の密度も高かったはずなので、銀河団の領域では、急速に冷えたガスの塊がつぶれてできる楕円銀河が、より効率よく形成されたのではないでしょうか。

これに対して、ハッブル・ディープ・フィールドで見通しているような一般的な領域では、銀河の形成・進化はより時間をかけて進んでいったのかもしれません。その結果、比較的ゆっくり形成される円盤銀河の割合が多くなり、それらの衝突《しょうとつ》・合体などによる楕円銀河の形成が、ようやく赤方偏移1程度（80億年前）になって多く見られるようになるのではないだろうかと考えられます。

このようなシナリオは、いまだ「もっともらしい仮説」の域を出ない部分もあるのですが、すばるによって、これを実証することができるのではないかと期待されています。

✪銀河はおしあいへしあい群れたがる

現在の宇宙のなかで、銀河がひときわ密集しているところを「銀河団」と呼びます。やや小振りなもので数十個、もっとも巨大なものでは数百個以上の銀河が、わずか直径１０００万光年程度の領域、天の川銀河とアンドロメダ銀河のあいだの数倍くらいしかない大きさの空間に群れ集うところは、なかなか壮観です。

銀河団内で生き残る〝故老〟銀河

現在の宇宙では、銀河の分布は巨大な泡状の構造を示しており、数億光年にわたって広がる巨大な銀河の「壁（グレートウォール）」や、１億光年もの直径をもつ銀河の「空洞（ボイド）」などの大規模構造が観測されています。数億光年に広がる銀河の壁は「壮大」というしかないスケールの構造ですし、また、１億光年にわたって明るい銀河が存在しない「空洞」というのも、想像してみれば、おそろしいほど空虚《くうきょ》な宇宙空間かもしれません。

このような銀河分布の大規模構造は、宇宙のはじまりに近い頃の、物質の分布する密度のデコボコから、重力によってつくられてきたのだと考えられています。

銀河団は、この宇宙の大規模構造のなかでも、ひときわ銀河の密度の高いところ、網《あみ》の目の結び目にあたる場所に相当しています。つまり、密度の高いところは、重力によってまわりの物質をより強く引きつけます。そして、物質が集まるとさらに密度が高くなってますますまわりの物質を引きつける、ということをくり返して、銀河の集団が成長してゆくわけです。

銀河団には、目で見える銀河の数百倍もの質量のダークマターも存在しています。いや、質量に限っていえば、ほとんどがダークマターの巨大な塊であるといえるでしょう。また、X線望遠鏡の観測からは、ダークマターの重力によって圧縮・加熱された、1億度というとても高温で希薄《きはく》なガスが存在することも知られています。

銀河団の中心部には、天の川のような円盤銀河ではなく、レモンあるいはラグビーボールのようにのっぺりとした楕円銀河が多数存在することは前節で述べました。このような楕円銀河はほとんどが星ばかりからなる天体で、ガスの成分はあまり存在していません。

しかも、楕円銀河を構成している星の大半は、比較的古い星、平均年齢が100億年を超える星であるらしいことがわかっています。銀河団の中心部の楕円銀河は、宇宙の歴史のなかでかなり古い時代に形成され、いまも生き残っている〝故老《ころう》〟と呼べる天体なのです。このような銀河の〝故老〟たちは、いったいいつ頃から宇宙に存在しているのでしょうか？

銀河団は〝宇宙の化石〟

口絵㊲は、すばる望遠鏡がとらえた約90億年前（赤方偏移1・2）の銀河団の姿です（右上の点線部はのぞく）。すばるの近赤外線カメラの画像に、ハッブル宇宙望遠鏡で得られた可視光の画像を合成したものです。

画像中に散らばって見えるオレンジ色の斑点《はんてん》が、この銀河団の中心部で、赤外線で見るとひときわ明るく輝いている楕円銀河の姿です。ハッブルの可視光画像はもっと手前にある銀河（青く見える天体）や星をとらえることはできましたが、オレンジ色のこの天体についてはほんのかすかにしかとらえられませんでした。すばるの近赤外線カメラによって、このようなクリアな姿をとらえることができたのです。オレンジ色の楕円銀河の真ん中あたりに見える、オレンジと青の入り組んだ構造の小さな天体(左上の囲みはその拡大画像)はこの銀河団の中心銀河で、3C324と呼ばれています。3C324も同じく楕円銀河ですが、同時に、周囲に強力な電波を放っている活動的な「電波銀河」でもあります。

くわしく調べると、このオレンジ色の楕円銀河たちは、すでに星をつくり終わってから20億〜30億年以上をへていることがわかってきました。つまり、90億年前の銀河団の中心部にはすでに立派な楕円銀河ができており、この時点で20億〜30億歳以上になっていたということです。そして20億〜30億歳ということは、これらの楕円銀河が誕生したのは、110〜120億年前の宇宙初期であることを意味します。大昔から宇宙を見守りつづけてきた、まさに「故老」たちです。

このように、銀河団は、銀河がもっとも多く集まった密度の高い領域というだけではなく、「宇宙の化石」ともいうべき、宇宙初期の銀河形成の名残《なごり》をはらんだ場所なのです。

真ん中に鎮座する超巨大銀河

もっとも、この3C324銀河団をよく見ると、現在の宇宙で観測される立派な銀河団に比べて中心部での銀河の密集度も低く、まだまだ発展途上の銀河団である可能性もあります。

口絵㊳は、すばるの近赤外線カメラでとった、約90億年前の銀河団の画像を2つ並べて比べたものです。右は、3C324銀河団の中心部、左はRXJ0848・9＋4452（以下、RXJと略す）という名前の、やはり同じくらい遠方で、赤方偏移が1・26にある銀河団の中心部です。

こうして見比べると、同じ90億年前の銀河団でも、密集度や銀河の個数が違っていることがわかるでしょう。3C324銀河団に比べると、RXJ銀河団のほうが、ずっと銀河の数も多く、また密集しているように見えます。おそらく、RXJ銀河団のほうがより銀河の密集化が進んだ状態にある、質量も大きな銀河団なのです。

すばるのデータを使って調べてみたところ、実際、RXJ銀河団中の銀河のほうが、3C324銀河団よりも、「古い」銀河の割合が多いらしいこともわかりました。

銀河団における銀河の誕生の時期は、銀河団そのものの成長の仕方とも関係があるようです。

銀河団のなかでも、年代をへるにつれ、いくつかの大きな変化が起こっています。たとえば、銀河団の真ん中には、ふつうの銀河の数倍以上の明るさをもつような、とびぬけて明るい超巨大銀河が鎮座していることが多いのです（われわれの近くの宇宙でも、「おとめ座銀河団」の親玉M87銀河などがこれにあたる）が、このような超巨大銀河も、銀河団の発展にともなって形成されてきたらしいことがわかってきました。

口絵㊵は、口絵㊳左にあるRXJ銀河団の中心部をさらに拡大したものです。この90億年前の銀河団の中心の巨大銀河は、すばるの高解像度の画像で見ると、じつは1つの銀河ではなく、非常に接近した2つの楕円銀河が重なって見えているにすぎないことがわかります。そのひとつひとつは、先に述べたような「古い」銀河なのですが、M87銀河のような超巨大銀河と比べると、半分程度の大きさしかありません。このような銀河をいくつか集めてくっつけることで、ようやく超巨大銀河に匹敵《ひってき》するものができあがります。つまり、口絵㊵は、銀河団のなかの銀河の「衝突」や「合体」によって、中心の巨大銀河がしだいに形成されてゆく過程をとらえたものではないかと考えられるのです。

ちなみに、１００億年を超える銀河の歴史を探る場合、銀河団はたいへん役に立つ存在でもあります。多数の銀河が、一ヵ所に集まっているので、代表的な明るい銀河の距離を求めれば、それだけで銀河団に属する数十個から数百個の銀河の距離がわかってしまうからです。たとえば、赤方偏移が0、０・５、１、２の銀河団を研究することで、現在、50億年前、80億年前、１００億年前の銀河の姿を直接見比べることができます。

口絵㊴は、すばるが、50億光年の距離にあるＡｂｅｌｌ８５１という銀河団の姿をとらえたものです。重力によって次々とまわりから銀河が落下してくることもあり、90億年前の時代と比べると、この時代には銀河団の密集度がずいぶん高くなったものが、数多く見られるようになります。

✿すばるが見つけた〝銀河実験室〟

すばる望遠鏡により、約80億年前の超銀河団の姿が浮かび上がってきました。この時代の超銀河団的な天体は、まだ数例しか知られていません。この超銀河団は、すばるが独自に発見した、新しい遠方宇宙の大規模構造といえるものの1つです。

謎ときを待つ80億年前の超銀河団

すばるの主焦点《しゅしょうてん》広視野カメラ「シュプリーム・カム」によって得られた画像（口絵㊶）には、点線で囲んだような「赤い」色を示す銀河の集団が連なっているのがわかります。この画像は、120億〜130億年前という宇宙初期に生まれた古い銀河が、ちょうど80億年前の宇宙で観測されるとき、赤く見えるように工夫して得られたものです（天文学者は、宇宙の無数の天体から、自分のほしいものだけを取り出す仕掛けをいろいろもっているのです)。

銀河の集団を「銀河団」と呼ぶとすれば、「超銀河団」とは何を表すのでしょうか？　そう、今度は銀河団の集団を指していう言葉です。もっとも、銀河団には銀河が数百個集まっているものもありますが、さすがに銀河団が数百個集まっているような超銀河団というのはありません(あったら、なかなかすごい眺めだと思いますが！)。

ふつうは、この口絵のように銀河団が数個集まっている場合に、超銀河団と呼びます。すでに80億年前にして超銀河団ができているとしたら、この天域は、宇宙のなかでかなり密度の高い領域の1つなのだろうと推定することができます。

発展途上にある80億年前の超銀河団の発見は、いわば、〝銀河実験室〟を手に入れたようなものです。そこでは、それぞれ銀河団へと成長してゆく高密度領域の核とでもいうべき場所(点線で囲われた赤い銀河の集団)、その周辺領域、そして大小さまざまな銀河の集団が同時に観測されました。銀河団に含まれる銀河の数、つまり銀河団の規模や、銀河団が1つの構造として成長してゆくうえでどの段階にあるかなどによって、銀河団中の銀河の年齢や形がどのように違っているのかなどさまざまな研究が可能となります。

また、口絵㊶のなかで四角い赤の実線で囲った領域は、数個の銀河が寄り添って集まっている「銀河群」と呼べる領域です。拡大図をよく見ると、赤い銀河だけではなく、赤い銀河と青い銀河が入り交じってグループをつくっている様子が見えます。赤い銀河が古い銀河、青い銀河は若い銀河、とすると、なぜ古い銀河と若い銀河がこのように入り交じってグループをつくっているのでしょうか？

すばる望遠鏡で得られた80億年前の超銀河団の画像に見入っていると、次から次へと謎が浮かび、宇宙の歴史に思いをはせることになります。

✲宇宙の質量地図で〝お宝探し〟

遠方宇宙のある領域を観測していて、「見えないけれどどうもここには何か隠れていそうだ」と第六感が働くとき、天文学者の気分はすっかり〝お宝ハンター〟です。お宝探しには財宝のありかを記した謎の地図がつきものですが、宇宙でもそれは同じ。謎の地図が解読できれば、〝お宝銀河〟のありかが浮かび上がってくるのです。

隠れたお宝銀河団を見つける方法

銀河が生まれてくるときには、まずダークマターの密度の高いところが成長し、やがて、そこに含まれている、ほとんどが水素原子とヘリウム原子のガスの密度がさらに高くなって、たくさんの星が生まれてくると考えられています。つまり、ダークマターの密度が高いところを探せば、そこが銀河ができる場所になるわけです。ところが、できあがった銀河は望遠鏡で観測することができますが、ダークマターは、「ダーク」というだけあって、光（電磁波）を出さない物質なので、望遠鏡で直接観測することができません。

ダークマターは、銀河などをつくっている普通の物質（バリオン）の10倍以上もあるといわれています。ダークマターの分布を知らなければ、宇宙のなかでどのように質量が分布していて、そのどこに銀河ができるのかを理解することはできないでしょう。宇宙における構造形成の歴史を解明するためには、なんとかして、このダークマターの分布（すなわち質量の分布）を観測する必要があるのです。

ここでも、すばる望遠鏡が威力を発揮します。すばるの「シュプリーム・カム」と「重力レンズ」効果を利用すれば、宇宙における質量の分布の地図を描き出せるのです。

口絵㊷は、本書の著者である二間瀬と山田、そして当時東北大学の学生だった梅津敬一らが二〇〇一年春頃、すばるで観測した、赤方偏移が０・８（60億年前）のＭＳ１０５４−０３という名前の銀河団を含む領域の画像です。このまま眺めても、どこに銀河団があるのか、どこに質量の集中があるのか、というのはわかりません。

ところが、下の口絵㊸を見てください。この図は、非常に暗い背景にある多数の銀河の光を使い、「弱い重力レンズ」という効果を用いて、質量が集まっているように見えるところを、ちょうど地図を上から見た等高線のように書いたものです。＋印がもっとも質量が集中しているところですが、こうやってみると一目瞭然《りょうぜん》、どこに巨大な質量の塊が存在するのかがわかります。口絵㊸で＋印に相当する部分を拡大すると、銀河団ＭＳ１０５４―０３の姿が浮かび上がってきました（口絵㊹）。

弱い重力レンズがつくるゆがみ

重力レンズ効果には、強い重力レンズと弱い重力レンズの２種類があります。強い重力レンズでは、レンズの役割をする天体の重力の影響が強く、光が大きく曲げられます。その結果、遠方の１つの天体が２つとか４つの複数像に見えたり、アインシュタイン・リングと呼ばれるリング状の像（口絵㉙）が見えたりします。一方、弱い重力レンズの場合は、レンズ天体の重力の影響が小さく、光の曲がりも小さいので、遠方の天体はその形が少しゆがんで見える程度にすぎません。

一般に、銀河団など大きな質量の塊があるとき、その中心付近では強い重力レンズが起こり、周辺では弱い重力レンズが起こります。したがって銀河団のまわりにどのようにダークマターが分布しているのかは、弱い重力レンズを観測することで知ることができるわけです。

弱い重力レンズの場合、もともとの遠方銀河の形がわからないので、1個の銀河の形を見ただけでは、その形が銀河団の重力レンズでゆがんだのか、それとも初めからゆがんでいるのかはわかりません。そこで、銀河団の後ろにある多数の銀河を観測することが必要です。たとえばある場所にある30個ほどの銀河の「ゆがみ」の向きを全部合わせてみれば、30個の全体として、どっちにゆがんでいるかを知ることができます。

銀河団や超銀河団をすっぽりと含む広い視野をもち、遠方の多数の銀河の形を詳細に観測できる、すばるの「シュプリーム・カム」は、天球上でほぼ月の大きさに匹敵する領域を観測でき、この目的に最適な観測装置なのです。

さて、すばるの画像の等高線のもっとも高いところを拡大して見つかった銀河団MS1054−03は、この時代のもっとも大規模な銀河団の1つです。多数の銀河が群れをなしている姿は、なかなか壮観です。このお宝銀河団から、60億年前の銀河団の姿がどういうものであったのかを調べることもでき、興味の種は尽きません。よりくわしい解析を進めると、もう少し弱い質量分布の性質もだんだんわかってくるでしょう。

すばると重力レンズ効果を用いて、宇宙の質量分布地図を描き出すこと、それがわれわれ研究チームの目標の1つなのです。

✿一世を風靡《ふうび》した「スターバースト銀河」

ここまでは、おもに天の川銀河と同じような立派な銀河の生い立ちについてお話ししてきました。ところが、銀河の世界も千差万別。じつは、立派な大きな銀河もあれば、ずっと小さな銀河も存在しています。次に紹介するのは、小さいけれども立派なひと花を咲かせている、そんな銀河についての話です。

爆発的に誕生した小さな銀河

宇宙にはどれほどたくさんの銀河が観測されるのでしょうか？　質量の大きな立派な銀河（天の川くらいの銀河から、その数倍の質量をもつ銀河まで）から、質量の小さな銀河（天の川銀河より小さく、その数十分の一の質量をもつ銀河まで）までの銀河の数を数えてみると、じつは、数のうえでは小さな銀河のほうが多く存在しています。小さい銀河も、宇宙の歴史のなかでは重要な役割をになっているにちがいありません。

そもそも宇宙の歴史のなかでは、最初の物質のデコボコから、物質同士がおたがいに引きあう万有引力《ばんゆう》によって、次々と小さな質量の塊（おもにダークマターからなる塊で、そこに含まれるガスから銀河の星々が生まれてきます）が誕生し、その塊がいくつもだんだん集まり、あるいは成長して大きな塊になった、という「階層的」な構造形成論（コールドダークマター・モデル。１３１ページ参照）が主流の考え方になっています。そして、昔に生まれたけれど、結局大きな銀河になれなかった塊や、比較的最近になって生まれてきた塊たちが、現在、われわれが観測する小さな銀河の大部分を占めていると考えられます。

１９８０年代の半ば、天体観測が写真の時代からデジカメと同じＣＣＤの時代になったとき、先駆者のひとりであるアメリカのベル研究所のアンソニー・タイソンとその仲間は、それを用いて「深宇宙」の姿を切り取ってみようとしました。彼らが、そして世界の天文学者たちがおどろいたことに、そこには思っていたよりもずっとたくさんの、暗くて青白い銀河が写っていたのです。80年代後半から90年代前半にかけては「原始銀河」探しの情熱とあいまって、この「暗くて青い銀河」の正体を探るため、イギリス・ダーラム大学（当時）のリチャード・エリスや、ハワイ大学のレノックス・コウィー、カナダ・トロント大学（当時）のサイモン・リリーらのそれぞれのグループによって、銀河の距離を求める研究や、その形をくわしく調べる研究などが、精力的に進められました。

その結果、赤方偏移が0の現在と、少なくとも80億〜90億年前、赤方偏移1程度の時代とを比較すると、「青い」波長の光で見て同じくらいの明るさの銀河の数が、なんと昔は5倍以上多かったらしいことがわかったのです。

さらにくわしく調べてみると、その多くは、質量としては天の川銀河の数分の1程度以下という「小さい銀河」らしいことがわかってきました。小さい銀河なのに、天の川と同じくらい明るく光っているのは、青い光をとくに強く出しているためです。そしてそれは、銀河のなかで、一度に多くの星が爆発的に誕生していること（スターバースト現象）を意味しています。

スターバースト現象とは、天の川のような円盤渦巻き銀河の円盤部で起きている「普通」の星形成に比べると、短期間で集中的、爆発的に起こる星形成現象を指しています。「暗くて青い銀河」がたくさん観測された原因は、質量の小さな銀河が、数十億年前から少なくとも100億年前までの時代にかけて、スターバースト現象を起こしていたことのようです。

あの銀河たちはいまいずこ？

さらに、ハッブル宇宙望遠鏡の観測から、これらの銀河の多くがとても不規則な形をしていることがわかってきました（図31）。ここで不規則というのは、近傍《きんぼう》の明るい銀河で見られるような渦巻き腕をもつ円盤銀河でも楕円銀河でもない、文字どおり不規則な形をした銀河です。不規則な形を分類するのはなかなかたいへんなのですが、特徴的なものとしては、おだんごのような塊が3〜4個つながった「くさり」型の銀河が多く見られます。

昔の宇宙では数が多かった、ということは、逆に見ると、これら小さなスターバースト銀河は、数十億年前から現在にかけて急激に減少しているともいえるわけです。消えてしまった小さなスターバースト銀河は、いったいどうなってしまったのでしょうか？　現在の宇宙ではこの種の銀河がほとんど見られないことから、これらのスターバースト銀河の行方は、次の3つが考えられます。

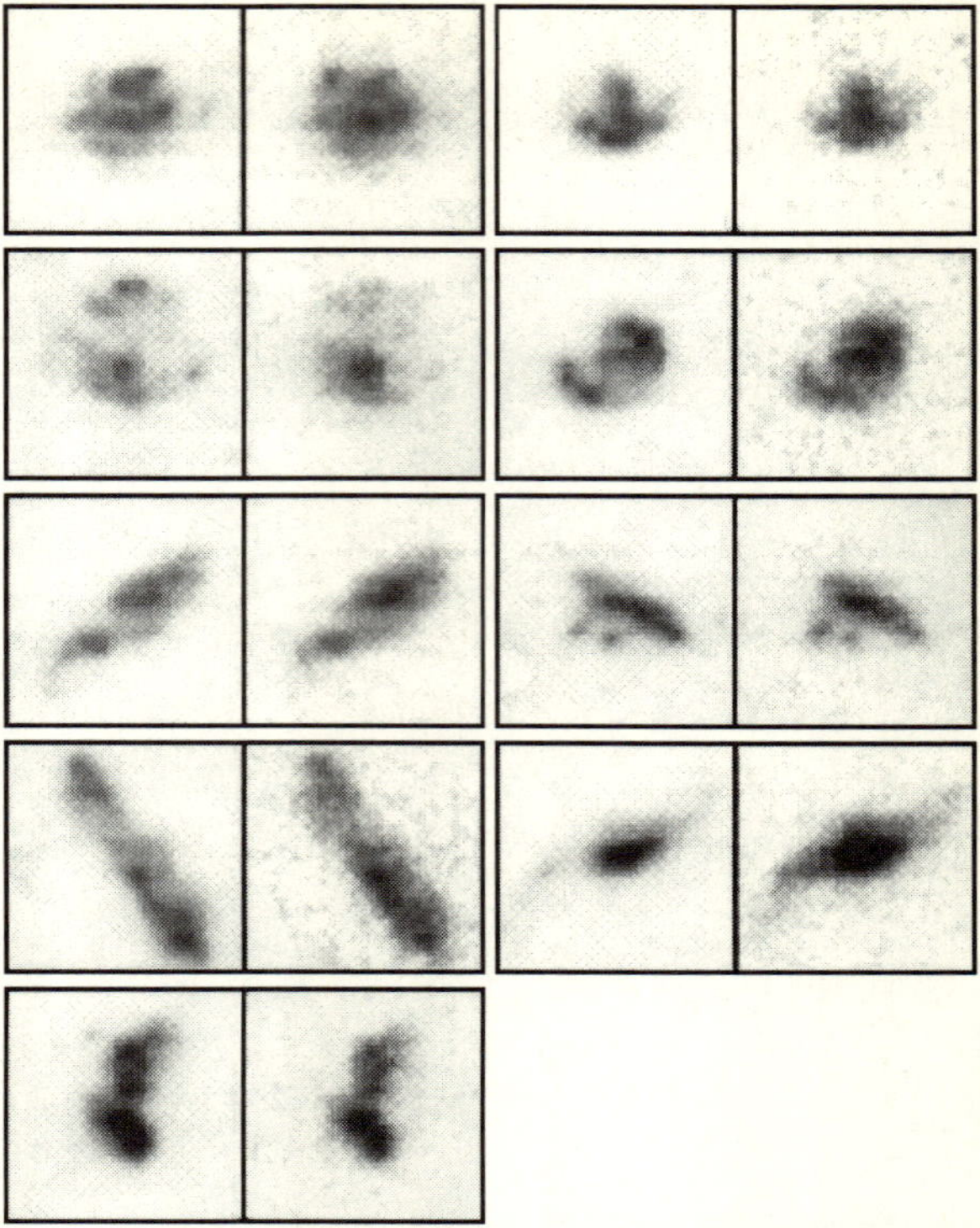

図31　ハッブル宇宙望遠鏡がとらえたスターバースト銀河の数々。左が紫外線、右が可視光に相当する波長で観測したもの。いびつで不規則な形をしている

（1）合体してより大きな銀河になった、または大きな銀河に吸収された
（2）爆発的な星形成が終わると、暗くなって、現在の宇宙で観測される矮小《わいしょう》銀河になった
（3）爆発的な星形成とそれにともなう超新星現象で、自分自身を構成していたガスの大半を吹き飛ばしてしまい、現在は星の系としてほとんど観測されないくらい暗くなってしまった

そもそも、なぜこのようなスターバースト銀河の急増が起こったのかについてはいくつかの説がありますが、じつは完全には解明されていません。1つの考え方は、ちょうど50億～100億年前、それまでは星になれなかった小さな銀河サイズのガスの塊が、この時期に次々と星をつくりはじめ、新しい小さな銀河が実際にたくさん生まれている、という考え方です。この場合、これらの新しく生まれた銀河の子孫、あるいは、なれの果ての姿が、現在の宇宙で多数観測される必要がありますが、おそらく、（3）のケース、爆発的な星形成によって、銀河あるいは星をつくる材料のガス自体が散ってしまったか、残っている星は非常に微量で、観測できないくらいあわくなってしまったのではないでしょうか。

✪宇宙の〝星出生率〟も低下の一途!?

ここまで、50億～100億年前の時代における「ハッブル・ディープ・フィールド」の銀河や、銀河団・超銀河団のなかにある銀河の姿を紹介してきました。人類の歴史を振り返る場合でも、それぞれの国や民族の歴史をひもとく一方、人類全体の歴史を追うこともありますが、この節では、より大きなスケールで、宇宙全体で見た場合の、壮大な星の生成の歴史について考えてみます。

100億年前がいちばん子だくさん

これまで見てきたように、われわれは遠方宇宙の銀河の「過去の姿」を直接観測することができるわけですが、ひとつひとつの銀河については、スナップショット、つまりその瞬間の姿を見ているだけです。しかし、宇宙は、大局的には一様かつ等方で、さらにどこでも同じように進化していると考えられるので、多数の銀河を観測することによって「宇宙全体の平均的な」歴史を描き出すことができます。

110億年前、宇宙には、若い銀河がたくさん存在しました。銀河の若さのバロメーターでもある、寿命が短くて質量の大きな星（太陽の10倍程度以上）は、おもに紫外線を放出します。そこで、銀河の紫外線の強さを測定することによって、どれくらいの量の大質量星が存在するかを推定することができます。また、銀河のなかで星がある一定の割合でできているとすると、そこから、年間太陽何個分という具合にどれくらいの率で星をつくっているかを求めることができます。この割合を「星形成率」といいます。いわば、星の〝出生率〟です。

110億年前の若い銀河ひとつひとつについて星形成率を求めると、比較的大きなものでは、1年あたり太陽数百個分という割合で星をつくっているようです。この割合で数億年くらいのあいだに星をつくりつづけると、最後には、合わせて太陽約1000億個分（およそ天の川銀河1個分に相当）の質量の星をつくることができます。

同じように、50億年前、70億年前、100億年前……というように、それぞれの時代、赤方偏移において、宇宙全体での星形成率を測定してゆけば、宇宙全体で見る

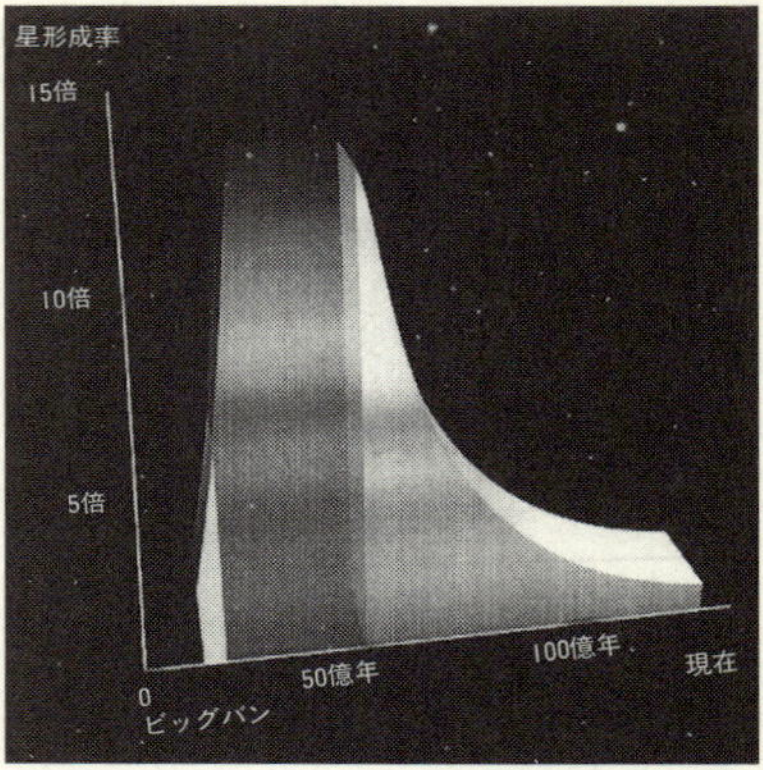

図32　星形成率を示すマダウ図

と、いつ頃もっともさかんに星をつくっていたか、ということがわかります。

図32は、イタリア人の天文学者ピエロ・マダウが描いた、マダウ図と呼ばれるものです。宇宙の年齢とともに、宇宙の平均的な紫外線の強さ、あるいは、そこから求めた星形成率がどのように変化してゆくかを示しています。これを見ると、いまからちょうど約100億年前頃が、宇宙全体で星の誕生がもっともさかんだったとわかります。

21世紀の地球、宇宙の片すみにある銀河の、さらに片すみにある太陽系の第三惑星上で、わずか100年足らずの寿命しかもたないわれわれが、宇宙のはじまりから現在に至る、百数十億年の星形成の歴史をこんなふうに俯瞰《ふかん》して見ることができるというのは、なかなか素敵なことではないでしょうか。

すでに子育てを終えた天の川銀河

宇宙全体の星の誕生の歴史を考えてみましたが、ではもっとも身近な存在であるわれわれの銀河系「天の川銀河」では、いつごろ、どのようにして星が誕生してきたのでしょうか？

現在の天の川銀河には、太陽の約２０００億個分にも相当する星が存在するといわれています。これらの星は、宇宙のはじまりから存在したわけではなく、天の川銀河の誕生・成長とともにガスから星へと姿を変えてきたものです。

天の川銀河は、バルジと呼ばれる中央部の楕円状にふくらんだ星の集まりと、直径10万光年に広がる円盤部とからできています（37ページ図5参照）。天の川銀河の過去の姿を直接見ることはできませんが、現在残っている星の性質を観測することによって、（考古学のように）その歴史を推測することができます。

バルジ部分では、現在はほとんど星はつくられておらず、また、そのなかの星の平均年齢は１００億年以上ではないかと考えられています。つまり、宇宙の歴史の比較的早い時期に、形成中の天の川銀河、あるいはその前段階にあたる天体で、まとまった星形成（スターバースト現象）が起こり、最大数億年程度の期間をへて現在バルジとして観測される部分がつくられたのではないか、と考えられています（図33）。

ただし、バルジのでき方にはさらにいくつかの説があり、ガスが一度に銀河の中心部に集まってまとまった星形成をへてつくられたという考え方や、まず円盤部が形成され、その一部が中心に崩れ落ちてバルジをつくったという考え方があり、完全には決着がついていません。

一方、銀河円盤部では、ガスから星への形成は、おそらく数十億年以上かけて、比較的ゆっくりと起こると考えられます。現在の宇宙で観測される円盤銀河の多くは、まだ円盤部にかなりの質量のガス成分を残しており、現在でも新しい世代の星をつくりつづけています。円盤部での星形成は、おそらく、銀河自体の形成がはじまって20億～30億年でピークを迎え、その後は、ゆっくりとペースを落としながら現在に至っていると考えられています。

そもそも天の川銀河がいつ誕生したのかについては、まだ推測の域を出ない部分も多くありますが、球状星団やバルジの星の年齢が１００億～１２０億年以上昔であること、天の川と同じような銀河が１００億年前の宇宙で、すでに見られるようになってきていることから、おそらく１２０億～１３０億年前につくられはじめて、およそ

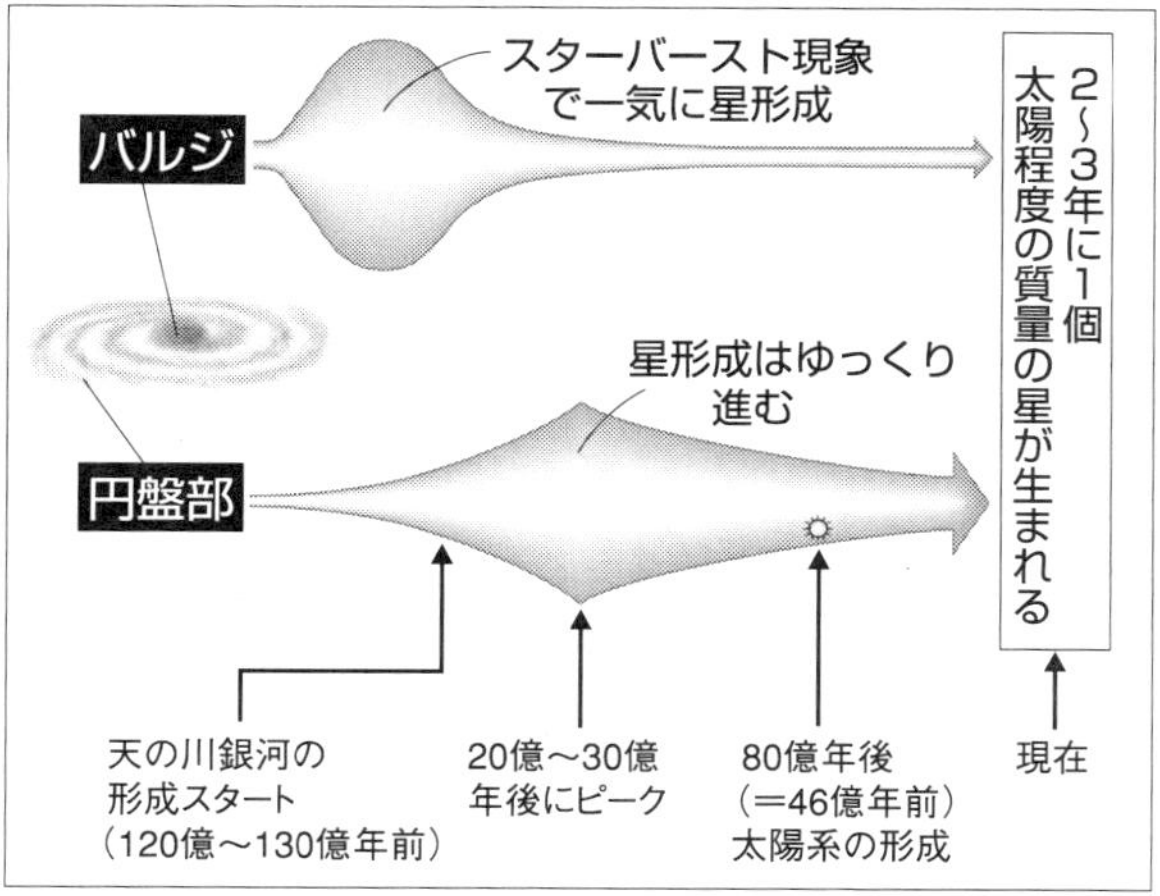

図33　天の川銀河の星のでき方

１００億年前くらいには現在と似た姿に完成していたのではないかと考えられます。

　太陽系の年齢は46億年程度ですから、天の川銀河の歴史のなかでは真ん中よりやや遅いほう、つまり銀河の骨格ができあがった後、円盤部のガスの片すみでつくられたものだと考えられます。これはちょうどよい頃合いでした。天の川銀河における、数十億年の星形成、星の死の歴史をへて、物質のもとになる重元素ができあがっていたのです。「重元素（酸素、窒素《ちっそ》、炭素、鉄など）」は何世代もの星が生まれては死んで、まわりの空間にまき散らすものです。もし太陽系の誕生が早すぎたら、これらの重元素の量は少なかったはずですから、（重元素からできた）地球のような惑星が無事に生まれていたかどうかはわかりません。

現在の天の川銀河では、星形成率は、1年あたり太陽0・6個程度のようです。いい換えると、太陽くらいの重さの星は2〜3年に1個くらいの割合で生まれていることに相当します。

ところが、このペースでいくと、これまでの宇宙の年齢に匹敵する時間、たとえば100億年程度たっても、つくられる星はせいぜい太陽30〜50億個程度であり、現在の銀河全体と比べると、数十分の一くらいにすぎないことがわかります。日本でも近年は少子化現象が社会問題となっていますが、天の川銀河の場合は、ほとんどが「おじさん／おばさん」の星になってしまっていて、新しい星が占める割合は、とても少なくなってしまっているわけです。現在の天の川銀河は、もはや「若い」とは、とても呼べないような状況です。

✿宇宙もやってる「元素リサイクル」

ここで少し話が変わりますが、宇宙のなかでの「化学」的進化、すなわち元素合成の歴史に目を向け、もう少しくわしい様子をおさらいしておきましょう。

われわれの身体は星のなかでつくられた

われわれは地球上で、物に囲まれ、なにげない日常を過ごしています。しかし、これらの「物」、自動車や家の壁、机やパソコン、それにわれわれ自身の身体、あるいは山や川、大地、地球それ自体をつくっているさまざまな材料は、宇宙の歴史の初めからあったかというと、けっしてそうではありません。

現在の宇宙にどのような元素が存在するのか、ということは、いまではよく知られています。中学や高校で「元素の周期表」というものを習いますが、そこには質量の軽い元素から、水素、ヘリウム、リチウム、ベリリウム、ホウ素、炭素、窒素《ちっそ》、酸素、フッ素、ネオン……と並んでいます（水兵リーベ僕の船……「H、He、Li、Be、B、C、N、O、F、Ne……」と覚えましたね）。

宇宙のはじまりには陽子と電子があり、そしてビッグバンによって、ヘリウム、リチウム、ベリリウムなどの軽元素が合成されました。宇宙初期の高温・高密度が、これら軽元素の原子核を生み出す核融合（いくつかの元素が結合して別の大きな元素に変わること）を起こす条件に合っていたからです。しかし、このときの温度と密度の条件を考えると、ホウ素より重い元素はほとんど合成されることはありませんでした。

それでは、われわれの身体をつくっているこの炭素、酸素、そしてさまざまな重元素は、いつ、どのようにしてつくられてきたのでしょうか？

答えは、「星のなか！」。

陽子1個に相当する水素の原子核が衝突して、陽子2個、中性子2個をもつヘリウム原子核に融合され（核融合反応）、そのときに発生するエネルギーによって太陽が輝くということがわかったのは、20世紀の初め頃でした。

水素が核融合反応により「燃えて」ヘリウムに変換されている時代は、恒星の一生の時間のなかでもっとも安定した時代といえます。

たとえば、太陽は、中心部にある自身の質量の10パーセントくらいの水素を、約100億年の時間をかけてヘリウムに変換してゆきます。中心部の水素がほとんどヘリウムに変換されてしまうと、太陽は、だんだんと「燃え尽きた」状態になり、最終的には白色矮星《はくしょくわいせい》と呼ばれる小さくて重い星になります。地球くらいの大きさなのに質量は太陽ほどもある星です。これが、太陽程度の質量をもつ星の最期です。

ところが、太陽の10倍程度以上の質量をもつ大質量星では、その大きな質量によって中心部の重力は強く、物質の密度・温度はさらに高く・大きくなるために、より重い元素が生成されます。このような大質量星はやがて自分の重さを支えきれなくなり、自分自身の重力によってつぶされてしまいます（重力崩壊）。その後、「超新星」と呼ばれる大爆発（232ページ参照）を起こすわけですが、さらにその過程で核融合反応が進み、鉄などの重い元素までつくられます。

星が超新星爆発を起こすと、星をつくっていた重元素を含むガスの一部は、数十光年の範囲にわたってまき散らされます。こうして、星のなかで新たにつくられた重元素が周囲の星間ガスに混合されるのですが、やがて、この重元素に「汚染」されたガ

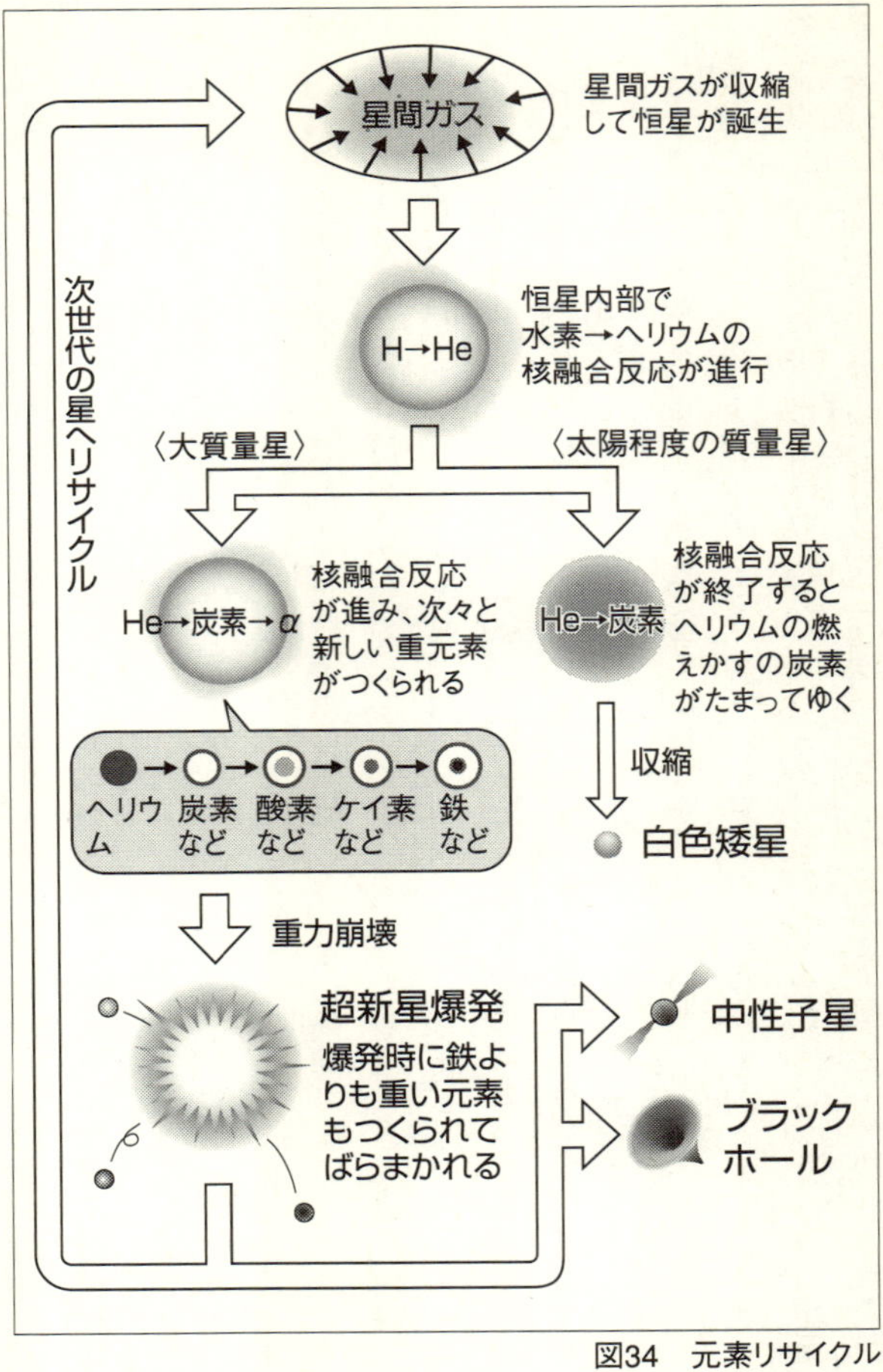
星間ガス
星間ガスが収縮
して恒星が誕生
H→He
恒星内部で
水素→ヘリウムの
核融合反応が進行
〈大質量星〉
〈太陽程度の質量星〉
He→炭素→α
核融合反応
が進み、次々と
新しい重元素
がつくられる
He→炭素
核融合反応
が終了すると
ヘリウムの燃
えかすの炭素
がたまってゆく
ヘリウム
炭素など
酸素など
ケイ素など
鉄など
収縮
白色矮星
重力崩壊
超新星爆発
爆発時に鉄よ
りも重い元素
もつくられて
ばらまかれる
中性子星
ブラック
ホール
次世代の星へリサイクル

図34　元素リサイクル

スからも星が誕生します。この次世代の恒星では、もとからすでに重元素で汚染されているわけですが、さらにまた、この星の内部でも核融合反応によって同じような重元素がつくられます（図34）。

これをくり返すとどうなるか？　銀河のなかの星間ガスは、時間がたつにつれ、ますます重元素によって汚染されてゆくでしょう。こうして、時間とともに、無数の銀河のなかで、ガスから星が生まれるたびに宇宙の重元素の量は増えてゆき、現在へと至るわけです。この歴史を「宇宙の化学進化」と呼びますが、むしろ「元素リサイクル」といったほうがわかりやすいでしょう。われわれの地球そのものや、われわれ自身の身体をつくる「材料」がどのようにつくられてきたのか、ということを解明するわけですから、これはたいへん重要な研究課題といえます。

すばるがとらえた80億年前の超新星爆発

観測的には、宇宙の化学進化を解き明かすためにいくつかのアプローチが考えられます。1つは、実際にさまざまな時代の銀河のガス成分をくわしく観測し、実際にどのような元素がどれくらい存在しているのかを調べてゆく方法です。

もう1つのよりエキサイティングな方法は、超新星の爆発がそれぞれの時代にどれくらい起こっていたのかを、直接目で見て調べる方法です。超新星の爆発が起きるたびに新たな重元素が生まれるわけですから、いつごろ、何個くらい爆発していたのかということを調べることにより、銀河における元素合成の歴史が解明されると考えられます。

最近では、50億～100億年前にはるかかなたの銀河で起きた超新星爆発を、望遠鏡や衛星で直接観測できるようになりました。口絵㊺は、約80億年前、とある銀河で起きたIa型と呼ばれる超新星爆発の姿をすばるがとらえたものです。まさに、宇宙における恒星の誕生とその最期を「直接」観測できるようになった現代天文学の華やかな成果といえるでしょう。

第5章
すばるが迫るさらなる謎
(現在〜50億年前)

　宇宙はいよいよ膨張し、そのなかで初期の密度ゆらぎから発生した構造形成が進んでゆき、現在われわれが目にするような宇宙の姿ができあがってきました。ここでは、銀河のなかで綿綿とつづいてゆく星の誕生、そして死にも目を向けてゆくことにしましょう。

　われわれの太陽、そして太陽系が生まれたのが、だいたい46億年程度前だといわれています。50億年前は、銀河宇宙の歴史がようやく安定期に入り、そのなかで十分な重元素によって惑星系が生み出され、人類のような生物の進化も許される段階に入った時期ともいえるでしょう。

✿アンドロメダ銀河の「散光星雲」

１３５億年の宇宙の歴史をたどってきましたが、いよいよ、現在の宇宙に近づいてきました。現在の宇宙では、多くの銀河はすでにそれぞれが孤立した星の集団として存在しています。天の川銀河でも、昔に比べると星の〝出生率（形成率）〟がずいぶん下がっていることは、すでにお話ししました。また、銀河と銀河のあいだの空間は、虚無《きょむ》と見まがうばかりの非常に密度の低い希薄《きはく》な水素原子のガスがあるだけで、新しい銀河が次々と生まれてくることもないようです。

しかし、それでも、ほかの多くの銀河のなかでは次々と新しい星が生まれ、そしてまた、死んでゆく星もあります。

渦巻き腕のなかで生まれる星たち

口絵㊻は、すばる望遠鏡「シュプリーム・カム（主焦点《しゅしょうてん》広視野カメラ）」によって得られた、アンドロメダ銀河の円盤部の拡大図です。現在の宇宙において、星が誕生している場所の代表は、円盤渦巻き銀河の円盤部です。ここには、星をつくるもとになる水素ガスがかなりの量残されています。この水素ガスは、どのようにして星に変わってゆくのでしょうか。

われわれの〝隣組〟、もっとも近く明るい銀河というべきアンドロメダ銀河は、天の川にもたいへんよく似た明るい円盤渦巻き銀河ですから、そのクローズアップを見ることで、われわれは、自分自身の姿を鏡に映すように、現在の宇宙の銀河における星の誕生の姿をとらえてゆくことができるでしょう。

口絵㊻のなかに、やや赤いもやっとした光に包まれた部分が全体に散らばっています。この赤い光は近くにある星の紫外線《しがいせん》によって電離《でんり》された星間ガスの雲、いわゆる「散光星雲《さんこうせいうん》」と呼ばれる天体が出す光をとらえたものです。この赤い光の説明をしましょう。

原子は原子核のまわりを電子が回る構造です。それぞれの電子が回る軌道は決まっており、電子が外側を回る構造ほどエネルギーは大きくなります。星間ガスをつくる水素原子の場合、原子核である陽子1個のまわりを電子1個が回っています。この原子核と電子を結びつけているエネルギー（電磁気力）よりも、大きなエネルギーをもつ紫外線があたると、電子は原子核から引き離されてしまいます（電離）。

飛び出した電子のいくつかは、たまたま近くにきた別の陽子と再び結びつき、もとのさや（水素原子）におさまるわけですが、このとき電子は、最終的に安定した状態（これを「基底状態」という）となるいちばん内側の軌道に落ち着くまで、外側から内側へとだんだん軌道を移ってゆきます（このような不安定な状態を「励起《れいき》状態」という）。内側へいくほどエネルギーは低くなりますから、電子が軌道を移るたびに余分なエネルギーが放出され、それは特定の波長の「光（電磁波）」として観測できるのです（図35）。

この光は原子の種類によって異なります。水素原子の場合、3番目の軌道から2番目の軌道に電子が移るときの光が、ちょうど口絵㊻の赤い光（波長が6563オングストロームの光）なので、この特別の色の光だけを通すフィルター（色ガラスのようなもの）を通して見ると、「散光星雲」をきれいにとらえることができます。

よく見ると、この赤いもやに包まれた場所は、黒っぽいチリの腕に沿って並んでい

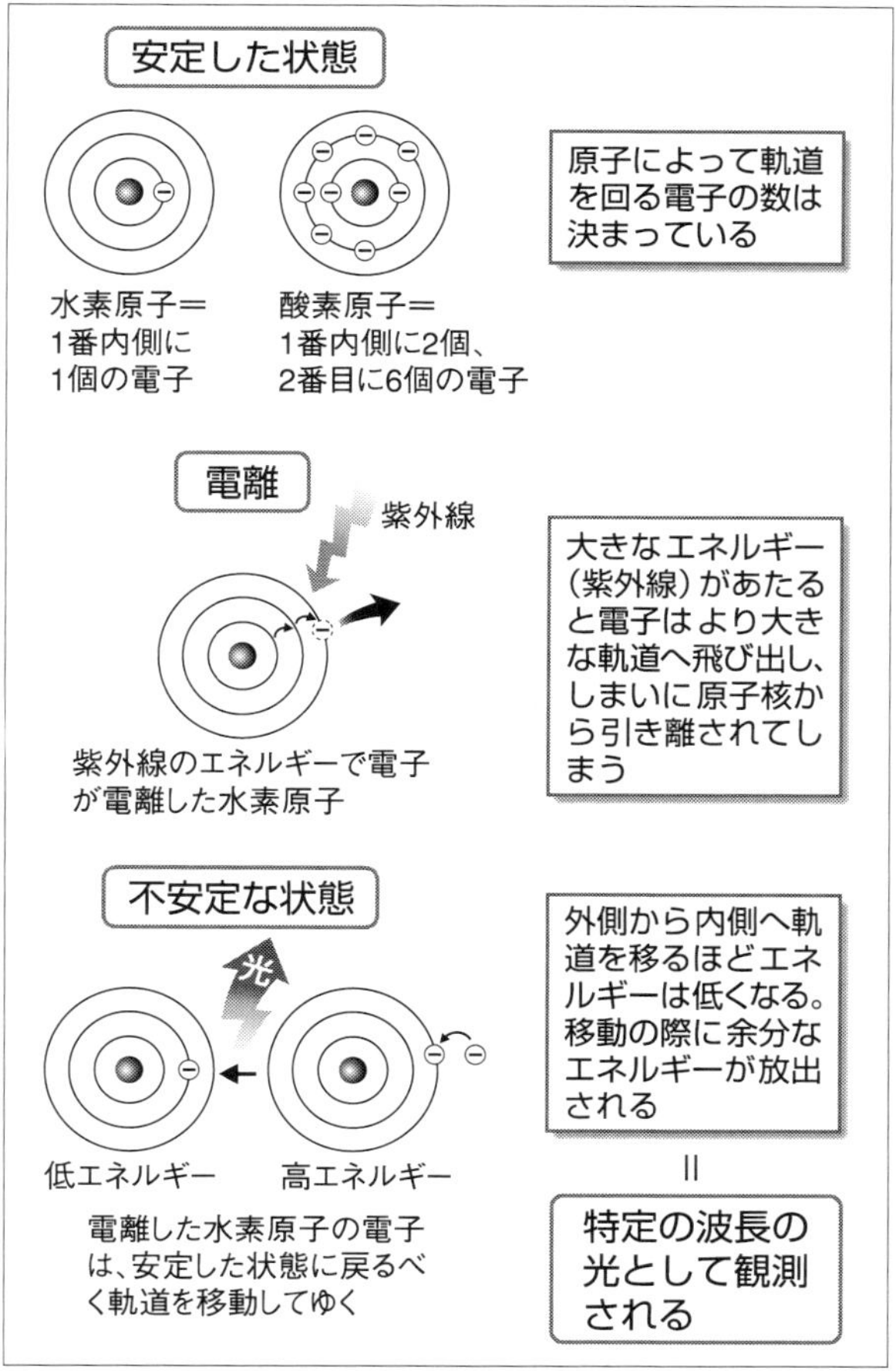
安定した状態
原子によって軌道を回る電子の数は決まっている
水素原子＝1番内側に1個の電子
酸素原子＝1番内側に2個、2番目に6個の電子
電離
紫外線
大きなエネルギー（紫外線）があたると電子はより大きな軌道へ飛び出し、しまいに原子核から引き離されてしまう
紫外線のエネルギーで電子が電離した水素原子
不安定な状態
光
外側から内側へ軌道を移るほどエネルギーは低くなる。移動の際に余分なエネルギーが放出される
＝
特定の波長の光として観測される
低エネルギー
高エネルギー
電離した水素原子の電子は、安定した状態に戻るべく軌道を移動してゆく

図35　散光星雲の光

るのがよくわかります。電離したガスがあるということは、そこに寿命《じゅみょう》の短い大質量星（これがガスを電離する）を含む若い星、生まれたての星があるということを意味しますから、銀河のなかで、実際、渦巻き腕に沿ったチリやガスの雲のなかで星が生まれている様子がよくわかります。

さらに、画像の右下には青白い星の集団がありますが、これは、若いといっても生まれたてではなく、少し年齢をへた星の集団です。黒っぽいチリやガスの雲＝渦巻きの腕の一部から、少し離れた場所にあることに注意してください。ここは、銀河の渦巻き腕をつくる波が少し前に通りすぎた場所、すでに星の誕生のさかりを過ぎた場所であるといえます。

こうして見てゆくと、この口絵㊻は、円盤銀河のなかでの星形成の歴史の断面をスナップショットでとらえたすばらしい画像といえます。われわれの太陽も、このような円盤銀河の腕のなかで、約46億年前に生まれたのだと考えられています。

✿もっと美しい星の誕生をズームアップ！

今度はわれわれの天の川銀河のなかで星が生まれつつある現場を、さらにくわしく見てみましょう。口絵㊼は、すばる望遠鏡の近赤外線カメラCISCO《シスコ》がとらえたオリオン星雲の近赤外線画像です。チリやガスの雲におおわれた星形成領域の研究には、近赤外線での観測がとても力を発揮します。オリオン星雲は、太陽系から約1500光年。われわれにもっとも近い、大質量星がつくられている領域です。

オリオン星雲にとまる〝赤い蝶〟

上の画像のほぼ中心にある4個の明るい星はトラペジウム（4重星）と呼ばれ、どれも生まれたばかりの大質量星です。オリオン星雲は、水素などのガスがトラペジウムからの強い紫外線によって電離され、高温になったガスが光っている姿です。

トラペジウムの上方やや右寄りに、蝶々《ちょうちょう》が羽を広げたような赤い星雲が見られますが、これは、クラインマン・ロー（KL）星雲と呼ばれる、まさに星が生まれつつある領域です。この領域は、星雲内の分子雲《ぶんしうん》に深く埋もれているため、可視光線は吸収されてしまいます。可視光線より波長の長い赤外線で見て、初めてその全貌《ぜんぼう》がとらえられるのです。

KL星雲の中心部、蝶々の胴体《どうたい》のあたりには太陽の30倍の重さをもつIRc2と呼ばれる原始星が存在していますが、これはこの赤外線画像でも見ることのできない、さらに濃いチリの雲に隠されています。

トラペジウムが生まれたばかりのとても若い星であるのに対して、IRc2は、まさにいま、ガスとチリの雲のなかから生まれつつある星です。この原始星は、秒速100キロメートルを超す高速度でガスを噴き出していて（星風）、それによって、星雲に大きな空洞があき、そこから漏れ出した赤外線が蝶々型に見えているのです。

KL星雲領域から外に向かって放射状に伸びる突起のような構造がたくさん出ていますが、これは、強い星風が周囲の分子雲のガスと衝突《しょうとつ》して衝撃波《しょうげきは》をつくり、密度と温度が高くなって光っているものと考えられています。

天の川銀河にある〝青い砂時計〟

本書の表紙カバーに使われている非常に美しい、印象的な画像は、同じ大質量星形成領域であるS106という天体を、すばる望遠鏡の同じく近赤外カメラCISCOでとらえたものです。すばるは、星が活発に形成されているS106領域について、これまでになく鮮明な赤外線画像の撮影に成功しました。

S106は、地球からおよそ2000光年離れた星形成領域です。明るい中心付近には、IRc2に似た生まれつつある大質量の星、赤外線源IRS4と呼ばれる天体があります。この星の質量は太陽の20倍程度と推定されています。

上下の方向に広がる砂時計状の構造は、この星からも双極状にガスが噴出し、その流れ（アウトフロー）が砂時計型の形をつくっているのではないかと考えられています。

さらに、画像中には、IRS4とまわりの星雲内に、生まれたばかりの若い星と考えられる暗い天体が、数百個発見されました。これらは質量が太陽の0・08倍未満と軽く、内部の水素ガスを安定して燃焼することができないため、将来にわたって恒星のように輝くことはできない星だと考えられ、「褐色矮星《かっしょくわいせい》」と呼ばれています。

発見された暗い天体のなかには、「惑星《わくせい》」と呼んでもおかしくないような、木星の質量の数倍程度と思われる軽い天体も、約１００個含まれています。

✪星の美しさにはワケがある

星が生まれつつある領域は、美しく印象深い姿を見せてくれますが、星の最期の姿もそれに負けず劣《おと》らずのものです。現在の天の川銀河のなかでも、生まれてくる星があるのと同様、多くの星がその最期を迎えています。星の寿命はその質量によって大きく異なるため、同じ時代に生まれた星でも、その最期の時はバラバラです。同じように、いま最期を迎えている星も、その質量により、さまざまな違う時代に生まれた星々でもあるのです。

惑星状星雲と超新星爆発の艶《あで》やかさ

星の一生の最終段階におけるふるまいも、また、星の質量によって決まっています。

太陽の質量の約0・8倍から8倍くらいの星は、中心の水素を燃やし尽くすと外層が膨張《ぼうちょう》し、巨大な「赤色巨星《せきしょくきょせい》」へと進化してゆきます。このとき、ふくらんだ外層のガスの大部分は周囲に流出し広がってゆくのですが、外層がごくわずかになると星本体は収縮をはじめ、高密度の「白色矮星《はくしょくわいせい》」と呼ばれる種類の星へと進化してゆきます。

さらに、収縮により表面温度が数万度以上になると、星はエネルギーの高い紫外線を放射しはじめ、赤色巨星の時代に放出しまわりへ広がっていったガスの雲を電離します。この電離したガスは、「惑星状星雲」として観測されます（図36）。これは、望遠鏡の解像度があまりなかった時代からついている名称で、惑星のようにコンパクトで丸型（または楕円状）の形状をもっていることからついたもので、実際の惑星とは何の関係もありません。

惑星状星雲の形は、いろいろな段階で中心星から放出されたガスの分布、中心の星からの紫外線の強さ、われわれが星雲をどの方向から見ているのか、などさまざまな要因によって決まるため、多様で、それぞれが美しい形を示しています。

代表例は、こと座のリング星雲です。地球からの距離は約1600光年、リングの

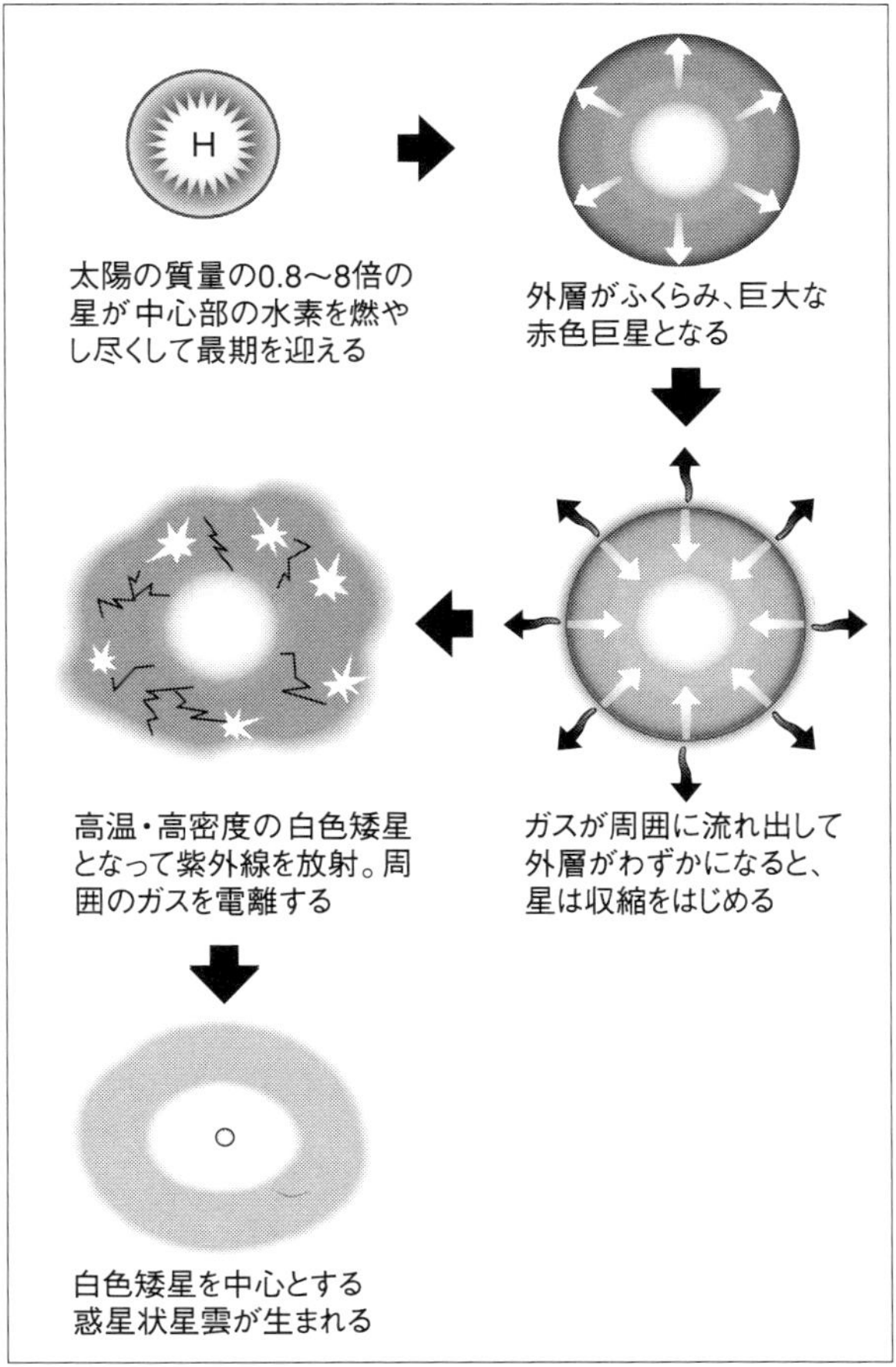
H
太陽の質量の0.8〜8倍の
星が中心部の水素を燃や
し尽くして最期を迎える
外層がふくらみ、巨大な
赤色巨星となる
ガスが周囲に流れ出して
外層がわずかになると、
星は収縮をはじめる
高温・高密度の白色矮星
となって紫外線を放射。周
囲のガスを電離する
白色矮星を中心とする
惑星状星雲が生まれる

図36 惑星状星雲のでき方

大きさ（長径）は約0・7光年であり、中心に位置する星（中心星）が環状星雲を光らせている白色矮星です。

すばるの観測（口絵㊽）からは、中央に明るく輝くリングは一様ではなく、複雑かつ微細な構造をもつことがわかりました。これは、中心星からのガスがつねに放出されているわけではなく、何段階にも分かれた複雑なプロセスであったことを明確にしています。

一方、太陽の数倍以上の質量をもつ星は、もう少し派手な最期を迎えることになります。星の中心部が一気に収縮するのにともなって、その外層が大爆発を起こして吹き飛んでしまう、という超新星現象を起こすのです（口絵㊾）。超新星のもたらすさまざまな影響のなかで、とくに星でつくられる重元素の星間空間への還元、つまり元素のリサイクルについては、第4章で述べたとおりです。

✿末は地球か？　太陽系外の原始星の姿

われわれの太陽系は約46億年前、銀河系円盤の片すみにあった星間雲《せいかんうん》のなかで誕生しました。なんらかの影響で星間雲が収縮しはじめ、その中心部では原始太陽が形成される一方、その周囲はチリとガスからなる「原始太陽系星雲」が存在したと考えられています。われわれの地球を含む、水星、金星、火星、木星、土星、天王星、海王星、そして冥王《めいおう》星の9つの惑星は、この原始太陽系星雲のなかで誕生しました。

原始星を包むチリの円盤をとらえた！

初めのころ、原始太陽系星雲はガスと個体微粒子《びりゅうし》、すなわちチリからなる円盤として存在していました。もともと回転していたガスやチリの雲は、原始星（のちの太陽）の収縮にともない、原始星に向かって落下してゆきます。ちょうどフィギュア・スケートの選手が回転しながら腕を縮めてゆくと、くるくるとより速く回転するように、落下してきたガスも次第に回転速度を速めて、やがて原始太陽周囲を回転する円盤となるわけです。

この原始太陽系星雲は遠赤外線を放射しながら冷えて、そのなかで固体の「チリ」(微粒子)が次第に凝縮《ぎょうしゅく》し、さらに微粒子が円盤の赤道面に沈殿《ちんでん》して、直径10キロメートル程度の無数の「微惑星《びわくせい》」と呼ばれる天体がまず誕生したと考えられています。微惑星は、いわば〝惑星のタネ〟のようなものですが、何十万個もの微惑星が衝突・合体をくり返し、比較的大きな、いくつかの原始惑星へと次第に成長していったと考えられています。

われわれの地球も、このようにして形成されてきたわけです。

これまでこのような理論は、計算上の世界、あるいはコンピュータによるシミュレーションにしかすぎませんでした。しかし、すばるなど観測機器の進化により、いまではわれわれの太陽系を遠く離れて現在生まれつつある星の周囲に広がる「原始惑星系円盤」が、実際に観測されるようになっているのです。

口絵㊿は、ハッブル宇宙望遠鏡がオリオン星雲を撮像した際に発見された、原始惑星系円盤の姿です。上の2枚は、ちょうどチリの円盤を横から見たもの、下の4枚は上から見たものです。中央で明るく光っているのが、生まれたての原始星。チリは光を通さないので、後ろにオリオン星雲のような明るく広がった光源があると、このようにその影がくっきり浮かび上がるのです。

次の口絵㉛は、おうし座GG星をすばる望遠鏡につけたコロナグラフ・カメラCIAO（明るい星のそばにある暗い天体を観測するため、明るい天体を隠す装置をつけたカメラ）によって観測したものです。コロナグラフを使うことにより、中心部の原始星の光の影響を抑え、その周囲に広がるあわい構造をとらえることができるという、なかなかユニークな観測装置です。

おうし座GG星はおうし座にある原始星の1つです。この装置の開発グループは、原始惑星系円盤の、今度は斜め上から見た姿をくっきりととらえることに成功しました。これは影ではなく、チリの円盤自体が出す赤外線をとらえています。

✿第二の地球は見つかるだろうか？

1990年代は、天文学の発見が相次いだ時期の1つでした。特筆すべきは1995年、ジュネーブ天文台のミシェル・マイヨールらが、世界で初めて、太陽系外惑星の発見に成功したことでした。直接、恒星のまわりを回っている惑星の姿をとらえたのではありませんが、惑星が存在することによる微妙な恒星の「ゆれ」の観測を通して、木星程度の質量をもつ惑星が存在することを、明らかにしたのです。

「ホット・ジュピター」の1年はたった4日!?

ふつう、惑星の運動というと、惑星が恒星である太陽のまわりを回っている姿を想像してしまいがちですが、じつはこれらの天体はおたがいの重力（万有《ばんゆう》引力）によって、おたがいに引きあい、回転してつりあった系をつくっています。恒星は、われわれ観測者（地球）にとって静止しているのではなく、じつは惑星とのあいだの重心のまわりを回転（公転）しています。たいてい恒星のほうが惑星よりもずっと重いので、重心は恒星から大きく離れず、また、恒星が公転する速度もそれほど大きくありません。

しかし、波長を非常に細かく分解する分光器を用いて詳細な波長の比較をおこなうなど、特殊な方法で観測することにより、この恒星の微妙な公転を知ることができます。恒星が惑星公転運動をしているなら、ドップラー効果のためその波長にはズレが生じます。そのズレを測定できれば、恒星の周囲をまわる惑星の存在が明らかになるのです。

マイヨールらが最初に発見した惑星系は、ペガスス座の51番星と呼ばれる恒星のまわりを回るものです。彼らは、51番星からの光が微妙なドップラー効果を示すこと、そしてそれが4日とちょっとの周期で、51番星の周囲を回る「木星」程度の大きさの惑星によるものであることを突き止めました。

4日あまりというのは、地球の公転周期365日と比べるととても短く、また、この恒星と惑星のあいだの距離は、太陽―地球間の20分の1しかありません。つまり、木星のような巨大惑星が、太陽系でいうと、水星よりも内側の軌道を高速で回っているということです。とても奇妙な、われわれが想像もしなかったような太陽系外惑星の存在が明らかになったのでした。

この惑星では4日で1年が過ぎてしまうわけですから、季節も何もあったものではありません。しかも、太陽と同じ恒星（太陽型）である51番星に近く、太陽系の水星と同じようにいつも同じ面を恒星に向けているので、その表面はかなり高温になっています。このタイプの惑星は、「ホット・ジュピター（熱い木星）」などと呼ばれています。

太陽系と似た惑星系は存在する

その後、同じような手法によって、2003年初めの現在、およそ90個くらいの太陽型の恒星について、100個足らずの惑星が発見されています。これらのほとんどはホット・ジュピター型の惑星ですが、それは、周期が短く、質量の大きなものが見つかりやすいという理由にもよっています。

これまで調べられた数千個の、比較的近くにある太陽型の星のうち、このようなホット・ジュピターをもつ恒星系は約1パーセント程度といわれています。その後、観測が進むにつれて、1つの太陽のまわりに2個あるいは3個の惑星が公転している、という証拠を示すものも10個程度確認されています。

西暦2000年前後というのは、もしかしたら、遠い未来から振り返ったとき、人類の歴史の1つの転換点であったといわれる時代かもしれません。なぜなら、われわれ人類は太陽系がもはや孤独な惑星系ではないこと、宇宙には、(たとえ少々太陽系の姿と違うにせよ) ほかに惑星系をもつ恒星が多数存在することが、初めて実証されたからです。

地球上の大航海時代でも、新大陸はその存在が知られて後、多くの冒険家を引きつけることになったわけです。あくなき好奇心をもって、やがて人類が星の海を渡って別の太陽系に向かう――そんな日が、遅かれ早かれ、いずれはやってくるにちがいありません。

「生命と水の惑星」の存在条件

しかし、第二の地球を探す、となると、話はそれほど簡単にはいかないかもしれません。

たとえば、このペガスス座51番星の惑星のようなホット・ジュピターを考えてみましょう。このホット・ジュピター自体は、太陽系最大の惑星である木星と同じような巨大ガス惑星（木星は、中心部に小さな鉄や岩石の核があるほかはすべて水銀のような液体水素で構成され、その外側をおもに水素からなる大気の層が取り囲んでいる）と考えられ、その表面には、人類が居住することができる可能性はほとんどありません。しかし、木星にはエウロパ、ガニメデ、イオなどの衛星が存在するので、もしかしたら、ホット・ジュピターにも、衛星が存在するかもしれません。

ところが、ホット・ジュピターやその衛星の場合には、恒星との距離が非常に近いので表面温度が非常に高くなってしまい、残念ながら、生命に必要な「水」が存在できないのです。生命が存在するには、惑星表面は水が安定して存在しうる温度である必要があり、いい換えれば、暑くもなく寒くもないちょうどいい温度でなければなりません。そのためには、恒星からの距離はある範囲内（居住可能領域）に限られます。太陽系の場合、この領域は地球軌道のすぐ内側から火星軌道のやや外側までとされています。

それでも、なかには太陽系とそっくりな惑星系の存在も明らかになりつつあります。おおぐま座47番星と呼ばれる星は、木星程度の質量の惑星を2個もつことがわかりましたが、それらはかなり外側、太陽系でいうと、ちょうど火星と木星のあいだくらいの軌道を回っているようです。

もしかしたら、もう少し内側の「居住可能領域」には、地球と同じような惑星が存在するかもしれない、そんな想像をかきたてられてしまいます。

われわれは、太陽系外の惑星の姿を、まだ「見た」わけではありません。今後は、直接、惑星の光をどうやってとらえるか、あるいは、先に述べた恒星の公転運動を波長のズレから求める以外に、どんな方法で太陽系外の惑星系を探すか、ということが焦点《しょうてん》になります。

このゴールは、最終的には、特別の工夫を凝《こ》らした新しい宇宙望遠鏡により達成されるかもしれませんが、すばる望遠鏡でも、前節にも出たコロナグラフ・カメラによる直接検出や、「シュプリーム・カム」による惑星掩蔽《えんぺい》現象（惑星によって恒星の光の一部がさえぎられること。日食のような食現象の1つ）の探査など、さまざまな角度から、この問題に迫るための研究が進んでいます。

✿大宇宙の歴史に人類が登場したのはいつ？

第二の地球を探す旅は、地球外生命を探す旅でもあります。考えてみれば、宇宙のなかで生命が誕生し、その生命の1つであるわれわれ人類が宇宙に興味をもち、その誕生から進化までを理解しようとすることこそ、本当の謎なのかもしれません。われわれは宇宙のなかで孤独な存在なのでしょうか、それとも、宇宙の神秘に興味をもっている生命体は、地球以外にもいるのでしょうか。

生命誕生は地球ができて10億年以内

生命の誕生、そして人類の誕生は、いつだったのでしょう。生命の神秘を知れば知るほど、生命が誕生し、それが人類にまで進化するのはほとんどありえないこととしか思えなくなってきます。よくもち出されるのは、猿がでたらめにワープロのキーをたたいてシェークスピアの一節になっている確率よりも、生命が誕生し人類に進化するほうが圧倒的に小さな確率だという話です。

現実には、生命は地球ができてから10億年以下で現れたようです。グリーンランドにある約38億年前の堆積《たいせき》岩中に、生命存在の痕跡《こんせき》が発見されたと報じられました（これに対しては評価が分かれています）。約35億年前の細菌の化石も見つかっています。

それから約20億年たって最初の多細胞の生物が現れます。これらは原始の海のなかでしか生きられない生物です。現在から約5億〜6億年前のカンブリア紀と呼ばれる時代には、三葉虫《さんようちゅう》に代表される、比較的高等な生物の大発生がありました。約4億年前のデボン紀、それにつづく石炭紀には、魚類、そして両生類が現れ、生物は徐々にその生態圏を陸上にまで広げていきます。

その後、進化のスピードは爆発的に進みます。約2・5億年前の三畳紀《さんじょうき》頃からは恐竜が登場し、2億年前から1億年前にかけて、その最盛期を迎えました。そして、巨大な爬虫《はちゅう》類におびえて暮らしていた哺乳《ほにゅう》類が、恐竜の絶滅によって「天下をとった」のが、白亜紀《はくあき》末期（いまから6500万年前）でした。

そして、500万年ほど前に、当時生息していた類人猿の一部が直立二足歩行をはじめて、ヒトへの第一歩を歩き出しました。その後、10万～20万年前にアフリカでホモ・サピエンスが進化をはじめ、このホモ・サピエンスがわれわれの直接の祖先になったと考えられているわけです。

生物の進化についての研究も、以前は化石や進化論的な研究が中心でしたが、現代では、細胞や遺伝子の性質の解明から生物の進化の歴史をたどる研究が中心であるようです。「ゲノム」という概念が明確になり、化石や単なる進化「論」ではなく、遺伝子の情報という事実に基づいて進化の歴史を明らかにしていくことが可能になっています。われわれの身体そのものに、これまでの生物の進化の歴史を読みとることは、宇宙135億年の歴史を眺めるのと同じくらい、エキサイティングなことといえるのではないでしょうか。

宇宙と人類のかかわりは「まばたき」程度

最後に、人類の歴史は、宇宙という時間のなかでどれくらいの長さに相当するのかを考えてみましょう。よく、地球の歴史を1年にたとえると、人類の登場はいつ頃か、というたとえ話があります。46億年を1年とすると、知られている最古の生物が登場したのは3月4日頃ですが、10万年前の人類祖先の登場は、じつに12月31日の23時48分頃になってしまいます。

これまで、この本のなかでは、宇宙の歴史における太陽系の誕生は、銀河の誕生・発展の過程のひとコマにすぎないことを見てきました。そこで、今度は、宇宙の歴史を一年としてみましょう。

すると、天の川銀河の誕生は、おそらく、2月の半ば頃、そして太陽系の誕生は、8月の終わり、夏休みも終わろうかという頃になります。人類の祖先の誕生は、12月31日の23時56分。一年の終わりの数分間に相当します。ハッブルがアンドロメダ銀河の距離を求めたり、宇宙の膨張を発見したのはいまから約70年前ですが、これは12月31日の23時59分59秒84——いまからほんのまばたきひとつ前の時間でしかないのです。

✿宇宙を見つめるすばるの挑戦

宇宙の歴史をたどってきたこの本にも、いよいよ人類が登場し、21世紀に近づいてきました。

観測天文学のフロント「すばる望遠鏡」

20世紀は、宇宙を知ろうとする天文学の歴史にとって、まさに革命的な世紀といえます。エドウィン・ハッブルが、アンドロメダ銀河がわれわれ天の川銀河の「外」にある天体であることを証明し、また、宇宙が膨張していることを発見してから、まだわずか70年ほどしかたっていません。この70年のあいだに、人類の認識する時空の範囲は、どれほど巨大に広がったことか！　すでにわれわれは135億年といわれる宇宙の歴史を語り、「第二の地球」となるべき太陽系外惑星の存在を語っているのです。

このような天文学の発展は、むろんのこと、技術の進歩、発達に強く依存しています。より遠くの銀河、より暗い銀河の姿をとらえることを目指して、人類が宇宙を見つめる〝眼〟となる大望遠鏡は、次第に巨大なものへと変貌《へんぼう》をとげてきました。

エドウィン・ハッブルの時代、当時、世界最大級の光学望遠鏡はウィルソン山の2・5メートル望遠鏡でしたが、やがて、50年代にはパロマ山に5メートル望遠鏡が建設され、70年代後半になると、米欧はこぞって最新技術を取り入れた口径4メートル級の望遠鏡を建設してゆきました。

2メートル望遠鏡のおもな研究課題は、天の川銀河内の恒星の分光観測（スペクトルを得て、それからどのような物質がどのような条件でどの程度含まれるかがわかる）や銀河の撮像観測（単に銀河の姿を写真に撮ること）でしたが、遠い銀河のスペクトルを得るためには、どうしても大口径の望遠鏡が必要だったのです。

日本においては、これまで、観測天文学の最前線に立っているとはいえない時期もありました。とくに光学観測においては、1960年、岡山県鴨方《かもがた》町の竹林寺《ちくりんじ》山に、当時としては世界に肩を並べられる1・9メートル望遠鏡を建設して以来、より大口径の光学望遠鏡の建設には足踏み状態がつづいてしまいました。日本の天文学者は、欧米の研究者が進める銀河の研究からすっかり取り残されてしまったのです。

この後《おく》れを挽回《ばんかい》すべく、日本の天文学者は、起死回生《きしかいせい》の大勝負に出ることにしました。「ジャパニーズ・ナショナル・ラージ・テレスコープ」、当初その頭文字をとってJNLTと呼ばれた、口径7・5メートルの望遠鏡の建設計画をぶちあげたのです。これによって、一気に世界と肩を並べ、いや追い越してしまう勢いで、深宇宙の探査が可能な望遠鏡を建設しようとしたのでした。それが「すばる望遠鏡」です。

口径も8・2メートルとさらに大きくなり、やがて完成したすばるの本格的な天文観測は、2000年末からはじまりました。2002年度には、装置の試験観測も終了し、他国からの参加を含め、年間のべ百数十人の天文学者が、すばるによって観測をおこない、研究を進める段階に入っています。これからもさまざまな成果が生み出されることが期待できます。

すばるを超える超大型望遠鏡!?

すばるによる宇宙の冒険は、まだまだはじまったばかり、これからが本番です。しかし、日本を含め、世界の研究者は、すでに8〜10メートル級の望遠鏡の次の世代の地上大望遠鏡の可能性も考えはじめています。

ヨーロッパの天文学者たちは超大型望遠鏡の計画をたてていますが、なんとその口径は100メートル！　全体は、エッフェル塔と比較してしまうような巨大なものです。この望遠鏡を使えば、100億年前の銀河も、すぐご近所の銀河と同じように、細部にわたって観測することができるようになり、近くの銀河はそれこそオリオン星雲を見るかのように、銀河のなかのさまざまな天体を直接分解して観測することができるようになると期待されています。

本当に実現できるのか？　誰もがそう思います。しかし、すばるのような8〜10メートル級の望遠鏡のときも、初めはそうでした。

人類の飽くなき探求心はとどまるところを知りません。より遠くへ、より初期の宇宙へと、この壮大な旅はつづいてゆくのでしょう。ようやく大枠《おおわく》が明らかになりつつある宇宙の歴史、その全貌《ぜんぼう》が解明されるのは、それほど、遠い日のことではないかもしれません。

あとがき

あとがきに、この本を書こうとした経緯についてふれておこう。

すばる望遠鏡が本格的に稼動しはじめた2000年3月、当時大学院生の梅津敬一君と私、そしてこの本の共著者の山田さんと、本文に書いてある重力レンズの観測に出かけた。梅津君は博士論文のテーマとして重力レンズを研究していた。すでにハッブル宇宙望遠鏡のデータを用いて重力レンズの解析をしており、銀河団が観測されていない領域に暗黒物質だけの塊《かたまり》が存在するかもしれないという結果を得ていた。そこでその領域をすばる望遠鏡で観測しようという話になったわけである。しかし、私たちは理論家なので観測のことはよくわからず、当時東北大学天文教室の助手で観測の専門家の山田さんに手助けしてもらった。

3人はハワイ島のヒロにあるハワイ観測所で落ち合い、マウナケア山頂に観測に出かけた。まず、高度2700メートルにあるハレポハク宿泊施設に1日滞在して高度に身体を慣らし、翌日の夕方山頂のすばる観測施設に行き、そこで朝まで滞在して観測する。

事前に打ち合わせをしているので、観測中は特別に問題が生じない限りそれほど忙しくはなく、山田さんといろいろな話になった。そこで山田さんは、すばる望遠鏡でわかってきた宇宙の歴史を絵巻風に書きたいという話をした。私は講談社プラスアルファ文庫ですでに『ここまでわかった宇宙の謎』を書いていて、観測に重点をおいた姉妹本を書きたいなと思っていた。最近の宇宙論の進展は、すばる望遠鏡に代表される8〜10メートルクラスの大望遠鏡に拠《よ》るところが大きいからである。こうして2人の考えが一致して、この本ができあがった。この本を読んで宇宙に興味をもっていただければ幸いである。

もし機会があれば、ぜひマウナケア山頂、あるいはハレポハクを訪れていただきたい。そこで見る星空は圧巻であった。

2003年2月

二間瀬敏史

謝辞

山田　亨

この本を上梓するにあたっては、まず、なによりもすばる望遠鏡の計画・建設にたずさわった研究者、企業の方、そしてさまざまな立場からのサポートをいただいた方方に感謝したいと思います。すばる望遠鏡は、多くの人の情熱と努力と献身（それと税金）によって実現されたものです。同時に、この本で紹介されたいくつかの研究結果の実現を支え、そして現在もすばるの運用を支えているスタッフ、同僚の方々にも感謝したいと思います。

さまざまな研究結果の紹介にあたっては、多くの論文や本を参考にしました。また、共同研究者の方からは、多くの助言や資料の提供、画像の提供をいただき、大変感謝しています。原始惑星系円盤の画像を提供していただいた田村元秀さん、重力レンズの研究結果を提供していただいた梅津敬一さん、銀河団の画像を提供していただいた田中壱さん、銀河進化の研究結果の画像を提供していただいた鍛冶沢賢さん、そして巨大ガス雲についての画像を提供していただいた林野友紀さんと松田有一さんほか共同研究者の方々には、特別に感謝いたします。

写真・図版クレジット

〈国立天文台〉
表紙カバー／口絵10,12,13,14,16,17,19,21,24,25,26,29,30,32,33,34,37,38,39,40,41,45,46,47,48,51／図1-2（左）,3,27

〈NASA/STScI〉
口絵1,2,3,4,6,7,8,9,11,15,22,23,31,49,50／図25,32

〈NASA〉 口絵20,27,28, 図21-2

〈その他〉
口絵5：Anglo-Australian Observatory,Photograph by David Malin
口絵18：沼澤茂美・APB
口絵51：田村元秀
図1-2（右）：G. E. Tauber, Man and the Cosmos, 1979
図11：Geller, Margaret J.; Huchra, John P.1989, Science, 246, 897
図28：Dickinson, M. 1997 in "The Hubble Deep Field"
図31：Dickinson, M. in "Building Galaxies: From the Primordial Universe to the Present"

（敬称略）

本作品は当文庫のための書き下ろしです。

二間瀬敏史―1953年、北海道に生まれる。京都大学理学部を卒業後、ウェールズ大学カーディフ校応用数学・天文学部博士課程を修了。Ph.D。東北大学大学院理学研究科教授。著書には『時間論』『天文学』（以上、ナツメ社）、『なっとくする宇宙論』（講談社）、『ここまでわかった宇宙の謎』（講談社＋α文庫）などがある。

山田 亨―1965年、大阪府に生まれる。京都大学理学部を卒業後、同大学院理学研究科博士課程を修了。Ph.D。理化学研究所研究員、東北大学助手を経て、国立天文台ですばる望遠鏡プロジェクトに携わっている。国立天文台助教授。専門は銀河観測天文学、観測的宇宙論。

講談社＋α文庫 こんなに面白《おもしろ》い大《だい》宇《う》宙《ちゅう》のカラクリ
―「すばる」でのぞいた137億年の歴史
二間瀬《ふたませ》敏史《としふみ》＋山田《やまだ》 亨《とおる》

2003年3月20日第1刷発行

発行者――野間佐和子
発行所――株式会社 講談社
東京都文京区音羽2-12-21 〒112-8001
電話 出版部(03)5395-3528
販売部(03)5395-5817
業務部(03)5395-3615
デザイン――鈴木成一デザイン室
カバー印刷――凸版印刷株式会社
印刷――慶昌堂印刷株式会社
製本――株式会社千曲堂

落丁本・乱丁本は購入書店名を明記のうえ、小社書籍業務部あてにお送りください。
送料は小社負担にてお取り替えします。
なお、この本の内容についてのお問い合わせは
生活文化局Dあてにお願いいたします。
Printed in Japan ISBN4-06-256711-3
定価はカバーに表示してあります。